AF453928

INTRODUCTION

A LA

GÉOMÉTRIE DIFFÉRENTIELLE

SUIVANT LA MÉTHODE DE H. GRASSMANN.

PARIS. — IMPRIMERIE DE GAUTHIER-VILLARS ET FILS,

24635   Quai des Grands-Augustins, 55.

INTRODUCTION

A LA

GÉOMÉTRIE DIFFÉRENTIELLE

SUIVANT LA MÉTHODE DE H. GRASSMANN,

PAR

C. BURALI-FORTI,

PROFESSEUR A L'ACADÉMIE MILITAIRE DE TURIN.

PARIS,

GAUTHIER-VILLARS ET FILS, IMPRIMEURS-LIBRAIRES

DU BUREAU DES LONGITUDES, DE L'ÉCOLE POLYTECHNIQUE,

Quai des Grands-Augustins, 55.

—

1897

(Tous droits réservés.)

PRÉFACE.

Le livre que nous publions aujourd'hui contient une brève exposition du *Calcul géométrique* et plusieurs de ses applications à la *Géométrie différentielle élémentaire*.

Le calcul géométrique a été deviné par Leibniz (1679) [1] qui, le premier, reconnut l'opportunité, ou plutôt la nécessité, d'opérer directement sur les éléments géométriques, tandis que la Géométrie analytique opère sur des nombres qui ont une relation indirecte avec les éléments qu'ils représentent. Mais l'opération géométrique, introduite par Leibniz, n'a pas les propriétés ordinaires des opérations algébriques ; aussi l'auteur n'a-t-il pu pousser bien loin les recherches géométriques.

Toutefois, l'idée de Leibniz était destinée à se répandre et à produire de grands résultats. Caspar Vessel [2] donna, en 1797, une représentation analytique de la direction qui contient la représentation géométrique des nombres complexes d'Argand (1806) et plusieurs des opérations introduites par Hamilton (1843-1853) avec les Quaternions. Möbius, avec le *Calcul barycentrique* (1827-1842) et Bellavitis avec la mé-

---

[1] Leibnitzens, *Math. Schriften*, t. II et V. Berlin; 1849.

[2] *Essai sur la représentation analytique de la direction* (*Om Directionens analytiske Betegning*). Publié par l'Académie royale des Sciences et des Lettres de Danemark, à l'occasion du centenaire de sa présentation à l'Académie, le 10 mars 1797. Copenhague, 1897.

thode des *Équipollences* (1832-1854), donnent deux méthodes de calcul géométrique, indépendantes entre elles, que les auteurs ci-dessus appliquent à plusieurs questions de Géométrie pure et de Mécanique. En 1843, Hamilton publie un premier essai de la théorie des *Quaternions*, et cette théorie, développée complètement en 1854, donne un calcul géométrique complet qui fut bientôt connu, apprécié et appliqué même par les contemporains d'Hamilton; on l'applique, aujourd'hui, spécialement à la Physique.

Les œuvres d'Hamilton sont précédées de l'*Ausdehnungslehre,* de H. Grassmann (1844), qui, par la puissance et la simplicité des opérations, surpasse tous les autres calculs géométriques. La forme d'exposition, excessivement abstraite, adoptée par Grassmann, a retardé la diffusion de l'*Ausdehnungslehre,* de sorte qu'aujourd'hui on emploie le calcul barycentrique, la théorie des équipollences, ou les quaternions, et plus souvent encore la géométrie cartésienne, pour résoudre des questions géométriques qui ont une solution fort simple avec la méthode de Grassmann. Les applications, faites par Grassmann, à la génération des lignes et des surfaces firent bientôt entrevoir la puissance de la méthode; mais il fallait encore à celle-ci, pour qu'elle fût connue et appliquée par tout le monde, un trait d'union concret avec la géométrie d'Euclide.

Le professeur Peano a été le premier qui ait donné une interprétation géométrique concrète des formes et des opérations de l'*Ausdehnungslehre.* Prenant pour point de départ l'idée commune de tétraèdre, il définit le produit de deux et de trois points; il définit ensuite les produits de ces éléments par des nombres, et, enfin, il définit les sommes de ces produits. La théorie des formes du premier ordre donne le calcul barycentrique et celui des vecteurs (ou directions);

les formes du deuxième ordre représentent les droites, les orientations et les systèmes des forces appliquées à un corps rigide; les formes du troisième ordre représentent les plans et le plan à l'infini. Parmi les opérations, les produits progressifs et régressifs donnent les opérations géométriques *projecter, couper;* le produit interne donne les projections orthogonales et les quantités qu'on désigne, en Mécanique, par les mots *ouvrage, moment....*

Nous donnons dans ce livre, sous la forme concrète et très simple que nous venons d'exposer, les éléments du calcul géométrique suivant la méthode de Grassmann. Le but que nous nous sommes proposé est de donner aux jeunes étudiants le moyen d'apprendre aisément ce puissant instrument de calcul, et de leur donner, en même temps, le moyen de l'appliquer aux questions de la Géométrie différentielle supérieure.

Nous croyons ce dernier but de notre Ouvrage fort important. En effet, on obtient, dans la Géométrie différentielle ordinaire, des propriétés bien simples avec des développements très compliqués. Cette complication est due, en général, à l'emploi des coordonnées, car avec les coordonnées nous faisons des transformations algébriques sur des nombres pour obtenir, d'après des calculs bien souvent fort compliqués, une petite formule, une *invariante,* qui est susceptible d'une interprétation géométrique. Le calcul géométrique ne fait point usage des coordonnées; il opère directement sur les éléments géométriques, et chaque formule, qui est par elle-même une invariante, a une signification géométrique bien simple qui conduit très aisément à la représentation graphique de l'élément considéré. On peut donc prévoir une simplification vis-à-vis des méthodes ordinaires. Notre Ouvrage prouve que la simplification est possible à l'égard de la Géométrie différentielle élémentaire, et laisse aux jeunes étudiants un vaste champ de transformations et de recherches pour la Géométrie supérieure.

L'importance du rôle que l'*Ausdehnungslehre* a en Géométrie, en Mécanique et en Physique, est bien expliquée par M. V. Schlegel dans son important Ouvrage historique *Die Grassmann'sche Ausdehnungslehre...* (¹) auquel nous renvoyons le lecteur. Aujourd'hui la méthode de Grassmann n'a pas besoin d'être recommandée; elle n'a besoin que d'être connue et appliquée par tout le monde : c'est par l'application *constante* à toutes les parties de la Mathématique qu'on peut comprendre la puissance et la simplicité de la méthode de Grassmann.

Turin, avril 1897.

(¹) *Zeitschrift für Mathematik und Physik*. Leipzig; 1896.

TABLE DES MATIÈRES.

CHAPITRE II.

FORMES VARIABLES.

§ 1. — *Dérivées*.

§ 2. — *Lignes et enveloppes*.

§ 3. — *Surfaces réglées*.

§ 4. — *Formules de Frenet*.

CHAPITRE III.

APPLICATIONS.

§ 1. — *Hélice* (n°ˢ 56, 57, 58)...............

NOTES.

INTRODUCTION

A LA

GÉOMÉTRIE DIFFÉRENTIELLE

SUIVANT LA MÉTHODE DE H. GRASSMANN.

CHAPITRE PREMIER.

LES FORMES GÉOMÉTRIQUES.

§ I. — DÉFINITIONS ET RÈGLES DE CALCUL.

1. Tétraèdre. — Nous exprimons que les points A, B, C, D sont situés sur un même plan en écrivant $ABCD = o$, ou en disant que les points A, B, C, D sont les sommets d'un *tétraèdre nul*. On a toujours

$$ AABC = ABAC = \ldots = AAAB = \ldots = o. $$

Si A, B, C, D sont des points non situés sur un même plan, ($ABCD \neq o$), par la notation ABCD nous indiquons alors un nombre réel. La valeur absolue de ABCD est le nombre qui mesure, avec une unité d'ailleurs arbitraire, le volume du tétraèdre dont les sommets sont précisément les points A, B, C, D; le signe de ce nombre est + ou — selon qu'un observateur placé sur la droite AB, la tête en A et les pieds en B, regardant la droite CD, voit le point D à sa *droite* ou à sa *gauche*, ou bien encore le point C à sa *gauche* ou à sa *droite* ([1]).

([1]) La considération du sens d'une suite de points A, B, C, D, du sens ou du signe d'un tétraèdre, est due à Möbius. Cette idée ne se trouve point dans les livres d'Euclide.

Quels que soient les points A, B, C, D, le nombre réel $ABCD$ est bien déterminé, une fois fixée l'unité de mesure pour les volumes. On a d'ailleurs, évidemment,

$$ABCD = - BACD = - ACBD = -- ABDC.$$

On peut donc, dans une expression telle que $ABCD$, choisir l'ordre dans lequel on désire ranger les lettres, à condition de se rappeler toutefois que chaque échange entre deux lettres consécutives entraîne un changement de signe.

Les définitions que nous venons d'énoncer donnent encore une signification aux expressions

$$ABCD + A_1 B_1 C_1 D + \ldots + A_n B_n C_n D_n, \quad ABCD - EFGH, \quad m\,ABCD,$$

où m est un nombre. On peut toujours, d'une infinité de façons, déterminer les points P, Q, R, S en sorte que le nombre $PQRS$ soit égal à un nombre donné et, par suite, à une quelconque des expressions citées.

Si $ABCD \neq 0$, nous dirons naturellement que le tétraèdre, dont les sommets sont rangés dans l'ordre A, B, C, D, a le *sens direct* ou le *sens inverse*, selon que le nombre $ABCD$ est positif ou négatif. Pour abréger le langage, nous disons bien que $ABCD$ est un tétraèdre, mais ce mot ne possède pas ici sa signification ordinaire, car l'égalité $ABCD = EFGH$ exprime que les tétraèdres de sommets respectifs A, B, C, D et E, F, G, H ont non seulement même volume, mais encore même sens.

2. Formes géométriques. Égalité des formes. — Nous appellerons *formes du premier, deuxième et troisième ordre* des entités telles que

$$(1) \qquad x_1 A_1 \qquad + x_2 A_2 \qquad + \ldots + x_n A_n,$$

$$(2) \qquad x_1 A_1 B_1 \qquad + x_2 A_2 B_2 \qquad + \ldots + x_n A_n B_n,$$

$$(3) \qquad x_1 A_1 B_1 C_1 + x_2 A_2 B_2 C_2 + \ldots + x_n A_n B_n C_n,$$

où les $x_1, \ldots$ sont des nombres réels et $A_1, \ldots, B_1, \ldots, C_1, \ldots$ représentent des points.

Dans ces conditions, les égalités symboliques

$$(1)' \quad x_1 A_1 \quad + \ldots + x_n A_n \quad = x'_1 A'_1 \quad + \ldots + x'_m A'_m,$$

$$(2)' \quad x_1 A_1 B_1 \quad + \ldots + x_n A_n B_n \quad = x'_1 A'_1 B'_1 \quad + \ldots + x'_m A'_m B'_m,$$

$$(3)' \quad x_1 A_1 B_1 C_1 + \ldots + x_n A_n B_n C_n = x'_1 A'_1 B'_1 C'_1 + \ldots + x'_m A'_m B'_m C'_m$$

exprimeront que l'on a, quels que soient les points **P, Q, R**,

$$(1)'' \quad x_1 A_1 PQR \quad + \ldots + x_n A_n PQR \quad = x'_1 A'_1 PQR \quad + \ldots + x'_m A'_m PQR,$$

$$(2)'' \quad x_1 A_1 B_1 PQ \quad + \ldots + x_n A_n B_n PQ \quad = x'_1 A'_1 B'_1 PQ \quad + \ldots + x'_m A'_m B'_m PQ,$$

$$(3)'' \quad x_1 A_1 B_1 C_1 P + \ldots + x_n A_n B_n C_n P = x'_1 A'_1 B'_1 C'_1 P + \ldots + x'_m A'_m B'_m C'_m P.$$

La dénomination de *forme du premier ordre*, par exemple, ne définit pas l'expression (1) ; nous considérons cette entité (1) comme *un élément géométrique abstrait*, commun à toutes les formes $x'_1 A'_1 + \ldots + x'_m A'_m$, satisfaisant à la condition (1)', condition qui reçoit une signification précise en vertu de l'égalité (1)''. Les mêmes remarques s'appliquent aux expressions (2) et (3) (¹).

Nous dirons de même que l'une de ces formes, (1) par exemple, est nulle, et nous écrirons

$$x_1 A_1 + x_2 A_2 + \ldots + x_n A_n = 0,$$

lorsque, quels que soient les points **P, Q, R**, on a

$$x_1 A_1 PQR + x_2 A_2 PQR + \ldots + x_n A_n PQR = 0.$$

Un tétraèdre, une somme de tétraèdres ou une expression comme $x_1 A_1 B_1 C_1 D_1 + \ldots + x_n A_n B_n C_n D_n$ est appelée, par analogie, *forme du quatrième ordre*.

Si A, B, C sont des points, nous écrivons aussi $1A$, $1AB$, $1ABC$ au lieu de A, AB, ABC ; ceci revient simplement à

(¹) La définition des entités (1), (2), (3), sous une forme analogue à celle que nous venons d'énoncer, est due à M. Peano (*Calcolo geometrico;* Torino, Bocca; 1888). Il en résulte qu'une relation simple est établie entre les formes géométriques et les éléments qu'on considère dans la Géométrie d'Euclide, et le calcul abstrait de Grassmann acquiert une valeur concrète, susceptible d'applications géométriques.

admettre que A est une forme du premier ordre (c'est-à-dire que chaque point est une forme du premier ordre), AB une forme du deuxième ordre, ABC une forme du troisième ordre.

3. Points. — Remarquons tout d'abord que si A correspond à un point, on a nécessairement $A \neq o$.

On exprimera que *le point* A *coïncide avec le point* B en écrivant $A = B$. En effet, la relation $A = B$ équivaut, quels que soient les points P, Q, R, à $APQR = BPQR$; alors, chaque plan qui contient A ($APQR = o$), contient aussi B ($BPQR = o$) et, par suite, A est identique à B.

Si A et B sont des points, x et y des nombres non nuls, l'égalité $xA = yB$ entraîne les deux suivantes : $x = y$ et $A = B$. En effet, si $APQR = o$, on a aussi $BPQR = o$, c'est-à-dire $A = B$, d'où, par conséquent, $x = y$.

4. Segments. — La définition de l'égalité des formes du deuxième ordre montre que *l'équation* $AB = o$ *correspond d'une manière nécessaire et suffisante à l'égalité* $A = B$. En effet, $AB = o$ équivaut à $ABPQ = o$, quels que soient P et Q; donc les quatre points A, B, P, Q doivent être dans un même plan, ce qui exige bien la coïncidence des points A et B.

De même, quels que soient P et Q, les deux tétraèdres ABPQ et BAPQ, de sens inverses, auront même volume; c'est dire que $ABPQ = -BAPQ$ et que *l'on a toujours, entre deux points* A *et* B, *la relation* $AB = -BA$.

Si l'on appelle module de AB, « mod AB », le nombre positif ou nul qui mesure la distance des deux points A et B, on aura toujours $\mathrm{mod}\ AB = \mathrm{mod}\ BA$ ainsi que $\mathrm{mod}\ AB = o$ seulement lorsque les deux points A et B coïncident, ou si $A = B$.

Théorème I. — x *étant un nombre réel non nul, si l'on a* $AB = xCD$, *les quatre points* A, B, C, D *sont situés sur une même droite et* $\mathrm{mod}\ AB$ *est égal à* $\mathrm{mod}\ CD$ *multiplié par la valeur absolue du nombre* x.

Dém. — Si $AB = o$, on aura $CD = o$ et le théorème est démontré. Si $AB \neq o$, on doit avoir aussi $CD \neq o$, et réciproquement; P, Q étant deux points quelconques, on aura

$ABPQ = x\,CDPQ$, et si le point P est situé sur la droite AB ([1]), il sera également situé sur la droite CD, puisque les deux membres seront nuls, et cela quel que soit le point P sur la droite AB, ce qui revient à dire que les quatre points A, B, C, D sont situés sur une même droite. Mais alors si $ABPQ \neq o$, les tétraèdres $ABPQ$, $x\,CDPQ$ peuvent être considérés comme ayant mêmes hauteurs (la distance du point Q au plan ABP) et pour bases deux triangles équivalents ayant leur sommet P commun et leurs bases sur la droite AB; par conséquent, la distance des deux points A et B est égale à la distance des deux points C et D multipliée par la valeur absolue du nombre x.

THÉORÈME II. — *Si* A, B, C, D *sont des points d'une même droite et si* $CD \neq o$, *on ne peut déterminer qu'un seul nombre réel* x *tel que* $AB = x\,CD$.

Dém. — Si $AB = o$, on a $x = o$. Si $AB \neq o$, soient P et Q deux points tels que $ABPQ \neq o$; il existe bien alors un nombre réel x, déterminé par l'égalité $ABPQ = x\,CDPQ$. Il résulte d'ailleurs immédiatement, des notions de Géométrie élémentaire, que cette relation $ABPQ = x\,CDPQ$ subsiste quels que soient les points P, Q et, par suite (n° **2**), le nombre x répondant à la question, c'est-à-dire tel que $AB = x\,CD$, est ainsi déterminé d'une façon unique.

Remarques. — Dans ces conditions, nous indiquerons par le signe $\dfrac{AB}{CD}$ (rapport de AB à CD) le nombre x tel que $AB = x\,CD$; si $\dfrac{AB}{CD} \neq o$, nous dirons que la forme AB a, relativement à la forme CD, le *sens direct* ou le *sens inverse,* suivant que le nombre $\dfrac{AB}{CD}$ est positif ou négatif.

Si $AB = CD$ avec $AB \neq o$, alors : 1° les points A, B, C, D

([1]) Nous disons, pour abréger, « droite AB » au lieu de « droite qui joint les points A et B », « plan ABC », au lieu de « plan qui passe par les points A, B, C ». Au § **3** de ce Chapitre, nous donnerons une signification un peu différente à ces expressions.

sont situés sur une même droite ; 2° la distance des deux points A et B est égale à la distance des deux points C et D ; 3° les formes AB, CD ont le même sens. Ainsi, la forme AB est un élément géométrique abstrait, fonction de la droite illimitée qui joint les points A et B, de la distance de ces deux points et du sens de la forme AB. Nous dirons que la forme AB est un *segment*, expression qui n'aura pas ici sa signification habituelle de *droite limitée*.

Si $AB \neq 0$, $CD \neq 0$, la droite AB étant parallèle à la droite CD et la droite AC parallèle à BD, nous dirons que les formes AB et xCD sont *parallèles* et *ont ou non le même sens*, selon que x, supposé réel et différent de zéro, sera positif ou négatif.

5. Triangles. — Soient A, B, C, D, E, F des points ; l'égalité de deux formes du troisième ordre montre facilement que l'égalité $ABC = 0$ exige les points A, B, C en ligne droite. De même on a $ABC = -BAC = -ACB$. On appelle module de ABC, « mod ABC », le nombre positif ou nul qui mesure l'aire du triangle de sommets A, B, C, en sorte que $\mathrm{mod}\,ABC = 0$ si $ABC = 0$ et $\mathrm{mod}\,ABC = \mathrm{mod}\,BAC = \mathrm{mod}\,ACB$.

Théorème I. — *Si l'on a* $ABC = x\,DEF$, x *étant un nombre réel non nul, les points* A, B, C, D, E, F *sont situés dans un même plan et* mod ABC *est égal à* mod DEF, *multiplié par la valeur absolue du nombre* x.

Théorème II. — *Si* A, B, C, D, E, F *sont des points d'un même plan et si* $DEF \neq 0$, *on peut alors déterminer un seul nombre réel* x *tel que* $ABC = x\,DEF$.

Ces deux théorèmes se démontrent comme les théorèmes I et II du n° 4.

Remarques. — Dans les hypothèses du théorème précédent, nous indiquerons encore par le signe $\dfrac{ABC}{DEF}$ (rapport de ABC à DEF), le nombre x tel que $ABC = x\,DEF$. Si $\dfrac{ABC}{DEF} \neq 0$, nous pouvons dire que la forme ABC a, relativement à la forme

DEF, le *sens direct* ou le *sens inverse,* selon que le nombre $\dfrac{ABC}{DEF}$ est positif ou négatif.

Si $ABC = DEF$ et $ABC \neq o$: 1° les points A, B, C, D, E, F sont situés sur un même plan; 2° l'aire du triangle dont les sommets sont A, B, C est égale à l'aire du triangle de sommets D, E, F; 3° les formes ABC, DEF ont le même sens. Comme précédemment, la forme ABC est un élément géométrique abstrait, fonction du plan des points A, B, C de l'aire du triangle dont les sommets sont A, B, C, et du sens de la forme ABC. Nous dirons que la forme ABC est un *triangle,* en attribuant à ce mot une signification spéciale.

Si $ABC \neq o$, $DEF \neq o$, que le plan ABC soit parallèle au plan DEF, et les droites AD, BE, CF parallèles entre elles, les formes ABC, x DEF seront dites *parallèles, et de même sens ou non* suivant que x, réel et non nul, sera positif ou négatif.

En supposant $ABC \neq o$, un observateur debout sur le plan ABC, est placé soit dans la région des points P tels que PABC soit un nombre positif, ou bien dans celle des points P tels que PABC soit un nombre négatif; si l'observateur est, par exemple, dans la première de ces régions, et s'il parcourt le périmètre du triangle ABC de A en B, B en C et de C en A, il aura à sa droite l'aire du triangle ABC; toujours situé dans la même région, s'il parcourt le périmètre d'un triangle DEF ou même plan dans le sens D, E, F, il aura l'aire à sa droite ou à sa gauche suivant que $\dfrac{DEF}{ABC}$ est positif ou négatif. De cette manière, on peut fort aisément reconnaître si deux triangles d'un même plan ont mêmes sens ou des sens contraires.

6. Somme et produit par un nombre. — Soient

$$x_1 A_1 + \ldots + x_n A_n, \quad y_1 B_1 + \ldots + y_m B_m$$

des formes du premier ordre et h un nombre réel; nous poserons

$$(x_1 A_1 + \ldots + x_n A_n) + (y_1 B_1 + \ldots + y_m B_m)$$
$$= x_1 A_1 + \ldots + x_n A_n + y_1 B_1 + \ldots + y_m B_m,$$
$$h(x_1 A_1 + \ldots + x_n A_n) = h x_1 A_1 + \ldots + h x_n A_n.$$

Ces égalités, qui définissent l'addition de deux formes du premier ordre ou le produit d'une forme par un nombre, nous serviront encore à définir ces mêmes opérations pour les formes du deuxième ou du troisième ordre.

Toutes les règles de calcul des polynomes algébriques s'appliquent à la somme de formes d'un même ordre, en nombre fini, et au produit d'une forme par un nombre réel. On introduit le signe — de l'Algèbre en convenant que $-A = (-1)A$, et que $A - B = A + (-B)$, où A, B sont des formes du même ordre. Si x est un nombre non nul, nous pourrons écrire $\dfrac{A}{x}$ au lieu de $\dfrac{1}{x}A$.

Une forme géométrique est la somme (algébrique) d'un nombre fini de formes qui sont elles-mêmes séparément le produit d'un point, d'un segment ou d'un triangle par un nombre.

7. Produit progressif. — Posons, par exemple,

$$(x_1 A_1 + x_2 A_2)(y_1 B_1 C_1 + y_2 B_2 C_2 + y_3 B_3 C_3)$$
$$= x_1 y_1 A_1 B_1 C_1 + x_1 y_2 A_1 B_2 C_2 + x_1 y_3 A_1 B_3 C_3$$
$$+ x_2 y_1 A_2 B_1 C_1 + x_2 y_2 A_2 B_2 C_2 + x_2 y_3 A_2 B_3 C_3 :$$

nous avons opéré, en un mot, comme si

$$x_1 A_1 + x_2 A_2, \quad y_1 B_1 C_1 + y_2 B_2 C_2 + y_3 B_3 C_3$$

étaient des polynomes, et effectué la multiplication en respectant l'ordre des grandes lettres.

Il est aisé de généraliser cette règle pour effectuer le produit de deux ou plusieurs formes, avec la seule restriction que la somme de leur ordre ne surpasse point 4; le produit ainsi défini est dit *produit progressif*, ou simplement *produit*, lorsqu'il n'y a pas d'équivoque possible. Le segment AB est ainsi le produit du point A par le point B, le triangle ABC est le produit du point A par le segment BC, du segment AB par le point C, ou enfin le double produit du point A par le point B et par le point C. Il en serait de même, bien entendu, pour le tétraèdre ABCD.

Il résulte aisément de ces définitions que les règles de calcul algébrique s'appliquent aux produits des formes [si $A = B$, on a $AC = BC$, $(A + B)C = AC + BC$, $m\,AB = (m\,A)B$], hormis cependant celles qui dépendent d'une propriété commutative; dans ce cas, on doit avoir recours à la règle suivante : si A et B sont deux formes d'ordres respectifs r et s, avec la condition $r + s \leqq 4$, on a

$$AB = (-1)^{rs}\,BA;$$

c'est-à-dire que, dans un produit de formes, on peut à volonté permuter entre eux deux facteurs consécutifs d'ordres r et s en ayant la précaution de multiplier le produit par $(-1)^{rs}$; les formules $AB = -BA$, $ABC = -BAC$ ne sont que des cas particuliers de cette règle.

§ 2. — VECTEURS ET LEURS PRODUITS.

8. Vecteurs. — On appelle *vecteur* la *différence de deux points*. Si A et B sont des points, $B - A$ est un *vecteur*. On voit immédiatement que $B - A = 0$ quand $A = B$ et réciproquement.

Théorème. — *Pour que les vecteurs (non nuls)* $B - A$, $D - C$ *soient égaux, il faut et il suffit que les segments* AB, CD *soient parallèles, de même sens et de même module.*

Dém. — P, Q, R étant trois points quelconques,

$$(B - A)PQR = BPQR - APQR$$

représente le tétraèdre qui a pour base le triangle PQR et pour hauteur la distance des projections orthogonales de A et de B sur la perpendiculaire au plan PQR; par conséquent, énoncer, quels que soient les points P, Q, R, l'égalité

$$(B - A)PQR = (D - C)PQR,$$

revient à affirmer les conditions nécessaires et suffisantes pour que les vecteurs $B - A$, $D - C$ soient égaux.

Remarques. — Disons que les vecteurs non nuls B — A, D — C sont *parallèles* lorsque les segments AB, CD sont parallèles; appelons *direction* du vecteur I un élément géométrique abstrait fonction de I et que I possède en commun avec tous les vecteurs parallèles à lui-même. Par le théorème précédent, on déduit que *des vecteurs égaux ont la même direction.*

Si les vecteurs non nuls B — A, D — C sont parallèles, nous dirons qu'ils sont de *même sens* ou de *sens contraire,* selon que les segments AB, CD seront ou non de même sens; le *sens* d'un vecteur I est donc un élément géométrique abstrait fonction de I et qui a I en commun avec d'autres vecteurs parallèles à I. Par le théorème précédent, on déduit que *des vecteurs égaux ont le même sens.*

Posons encore mod(B — A) = mod AB et convenons que I est un *des vecteurs unité* lorsque mod I = 1. Il en résulte de même que *des vecteurs égaux ont le même module.*

Il résulte aussi des conventions précédentes que : *Pour que deux vecteurs soient égaux, il faut et il suffit qu'ils aient la même direction, le même sens et le même module:* ainsi donc, un vecteur est un élément géométrique abstrait, fonction de sa direction, de son sens et de sa grandeur, c'est-à-dire qu'un vecteur est donné lorsque l'on connaît sa direction, son sens et sa grandeur.

Graphiquement, on représentera le vecteur B — A avec les points A, B unis par une flèche dont la pointe est en B. On comprend ainsi que l'on puisse, en Mécanique, représenter une vitesse au moyen d'un vecteur, car une vitesse peut être définie comme un élément connu quand on a sa direction, son sens et sa grandeur.

Si A, B, C sont trois points, le théorème précédent nous donne tout de suite la construction du point D, tel que B — A = D — C; A est dit *origine* et B *extrémité* du vecteur B — A. Il en résulte aussi que l'on peut prendre un point quelconque comme origine d'un vecteur I, mais, l'origine une fois choisie, l'extrémité est un point parfaitement déterminé.

9. a. La somme d'un point A et d'un vecteur I est un nouveau point qu'on déduit de A par une translation dont le vecteur I détermine la grandeur, la direction et le sens. En effet, si A est l'origine du vecteur I, son extrémité B sera déterminée par la condition $I = B - A$: il s'ensuivra que $A + I = B$ est un point, etc.

b. Le produit d'un point O par un vecteur I est un segment, car $OI = OO + OI = O(O + I)$. Réciproquement, un segment est le produit d'un point par un vecteur. En effet, si A, B sont des points, on a les égalités

$$AB = AB - AA = A(B - A).$$

De même $\operatorname{mod} OI = \operatorname{mod} I$, puisque, par définition,

$$\operatorname{mod} AB = \operatorname{mod}(B - A).$$

c. La somme de deux vecteurs est un vecteur. En effet, si I, J sont des vecteurs et O un point, $A = O + I + J$ est un point déterminé et $A - O = I + J$ sera bien un vecteur. La construction de l'expression $I + J$ est la même que celle qui donnerait la résultante de deux vitesses représentées respectivement par les vecteurs I, J. On trouvera aussi aisément la construction de la somme d'un nombre fini de vecteurs, et l'on verra que le résultat est indépendant de l'ordre adopté dans l'opération.

d. Si I, J sont des vecteurs, on aura

$$\operatorname{mod}(I + J) \leq \operatorname{mod} I + \operatorname{mod} J,$$

car cette relation n'est autre que celle qui relie les distances de trois points $O, O + I, O + I + J$.

10. Soient I, J, K, U des vecteurs non nuls.

a′. Si x est un nombre réel non nul, xI sera un vecteur parallèle à I, de même sens que I ou de sens contraire, selon que x est positif ou négatif : le module de xI est égal au module de I, multiplié par la valeur absolue de x. En effet, si $I = B - A$, le point C tel que $xAB = AC$ est complètement déterminé; il n'y a plus qu'à imiter la démonstration du théorème du n° **8** pour voir que $x(B - A) = C - A$, ce qui démontre le théorème.

a″. Si I est parallèle à J, il n'existe qu'un seul nombre réel x, tel que $J = x\,I$. En effet, O étant un point quelconque, OI, OJ sont deux segments d'une même droite et le nombre x tel que $OJ = x\,OI$, ou tel que $OJ = O(x\,I)$ est déterminé; il en résulte bien $J = x\,I$. Soit x' un autre nombre tel que $J = x'I$, on aura $o = (x - x')I$, d'où $x = x'$, ce qui prouve que le nombre x est bien indépendant du point choisi O.

a. La condition de parallélisme de I et de J est donc que J *soit un multiple de* I.

On peut exprimer la même chose avec la relation $IJ = o$. En effet, si I est parallèle à J et si O est un point quelconque, les points O, $O + I$, $O + J$ sont sur une même droite, soit

$$O(O + I)(O + J) = OIJ = o,$$

c'est-à-dire $IJ = o$. Inversement, si $IJ = o$, alors

$$O(O + I)(O + J) = o,$$

c'est-à-dire que les points O, $O + I$, $O + J$ sont sur une même droite ou encore que les vecteurs I, J sont parallèles.

Si I, J sont des vecteurs parallèles, le signe $\dfrac{J}{I}$ nous indiquera toujours de même le nombre x tel que $J = x\,I$, et nous conviendrons, en outre, du symbole $\dfrac{o}{I} = o$.

b′. Disons que le vecteur I est parallèle au plan α ou le plan α parallèle au vecteur I, lorsqu'il existe, sur α, deux points A, B, tels que I soit parallèle à $B - A$; que les vecteurs I, J, K, ... sont *complanaires*, quand I, J, K, ... sont parallèles à un même plan.

Si I, J, K sont complanaires et $IJ \ne o$, alors les nombres x, y, tels que $K = x\,I + y\,J$ sont déterminés. En effet, si O est un point, les points O, $O + I$, $O + J$, $O + K$ sont sur un même plan parallèle aux vecteurs I, J, K. Si la parallèle menée à la droite OI par le point $O + K$ rencontre la droite OJ au point A, on aura $K = (A - O) + [(O + K) - A]$; mais $A - O$ et $(O + K) - A$ sont des vecteurs parallèles aux vecteurs I, J et la proposition a montre qu'on peut déterminer les nombres x, y, tels que $K = x\,I + y\,J$. Les nombres x, y ne sont pas fonction de O; en effet, si x', y' étaient d'autres nombres, tels que $K = x'\,I + y'\,J$, on devrait avoir

$$(x - x')\,I + (y - y')\,J = 0 \quad \text{et} \quad (x - x')\,IJ = (y - y')\,IJ = 0;$$

et de $IJ \neq 0$ résulte immédiatement que l'on doit avoir

$$x = x' \quad \text{et} \quad y = y'.$$

b″. Si x, y sont des nombres et si $K = x\,I + y\,J$, les vecteurs I, J, K sont complanaires. Soit O un point, on a

$$O(O + I)(O + J)(O + K) = OIJK,$$

et, en remplaçant K par $x\,I + y\,J$,

$$O(O + I)(O + J)(O + K) = 0;$$

ce qui démontre le théorème.

b. La condition de complanarité des trois vecteurs I, J, K est donc : K *est la somme d'un multiple de* I *et d'un multiple de* J, ou K *est une fonction linéaire de* I *et de* J; ce que l'on peut exprimer de même par la condition $IJK = 0$.

c. Si $IJK \neq 0$, les nombres réels x, y, z, tels que

$$U = x\,I + y\,J + z\,K$$

seront déterminés. Il suffit d'imiter la démonstration de la proposition (**b′**).

Les vecteurs $x\,I$, $y\,J$, $z\,K$ sont appelés *composants* de U relativement aux vecteurs I, J, K; les nombres x, y, z sont appelés *coordonnés* de U relativement aux vecteurs I, J, K.

d. On a toujours $IJKU = 0$, c'est-à-dire que le produit de quatre vecteurs est toujours nul. En effet, si $IJK = 0$, on a bien $IJKU = 0$; si, $IJK \neq 0$, alors $U = x\,I + y\,J + z\,K$ et, par suite, $IJKU = 0$.

11. Bivecteurs. — On appelle *bivecteur*, le produit de deux vecteurs. Si I, J sont des vecteurs, IJ est un bivecteur. On a IJ $=$ o, quand un des vecteurs I ou J est nul, ou bien encore si I est parallèle à J, et réciproquement.

Théorème I. — *Pour que les bivecteurs* IJ, KU *soient égaux, il faut et il suffit que, quel que soit le point* O, *les triangles* OIJ, OKU *soient égaux.*

Dém. — En vertu de la définition de l'égalité de deux formes du deuxième ordre, la condition IJ $=$ KU équivaut, quels que soient les points P et O, à POIJ $=$ POKU; cette égalité, d'après la définition d'égalité de deux formes du troisième ordre, équivaut, quel que soit O, à OIJ $=$ OKU; observant que OIJ $=$ O(O $+$ I)(O $+$ J), il en résulte que OIJ est un triangle.

Théorème II. — *Si* I, J *sont des vecteurs, quels que soient les points* P, Q, *les triangles* PIJ, QIJ *seront parallèles et auront même sens et même module.*

Dém. — On démontre ce théorème en observant que

$$Q - P = (Q + I) - (P + I) = (Q + J) - (P + J).$$

Remarques. — Nous disons que les bivecteurs non nuls IJ, KU sont *parallèles* ou *complanaires*, lorsque, quel que soit le point O, les triangles OIJ, OKU sont sur un même plan. Appelons *orientation* du bivecteur IJ, un élément géométrique abstrait, fonction de IJ et que IJ a en commun avec tous les bivecteurs parallèles à IJ. Il en résulte que *des bivecteurs égaux ont la même orientation.*

Si les bivecteurs non nuls IJ, KU sont parallèles, nous dirons qu'ils ont ou n'ont pas le même *sens*, suivant que les triangles OIJ, OKU ont ou n'ont pas le même sens, quel que soit le point O. Le *sens* d'un bivecteur non nul IJ est donc un élément géométrique abstrait qui possède IJ en commun avec d'autres bivecteurs parallèles à IJ. *Des bivecteurs égaux ont le même sens.*

Si IJ est un bivecteur, posons, quel que soit le point O,

mod IJ $= 2$ mod OIJ. Le module d'un bivecteur IJ est donc le nombre positif ou nul qui mesure l'aire du parallélogramme, dont trois sommets sont les points O, O + I, O + J. Il en résulte encore que *des bivecteurs égaux ont le même module*.

Le théorème I et les définitions que nous venons d'énoncer entraînent également que *pour que deux bivecteurs soient égaux, il faut et il suffit qu'ils aient même orientation, même sens et même module*. Ainsi donc, un bivecteur est un élément géométrique abstrait fonction de son orientation, de son sens et de sa grandeur.

Graphiquement, en excluant son sens, on représentera le bivecteur (B — A)(C — A) par le parallélogramme, dont trois sommets sont les points A, B, C et dont les deux vecteurs B — A, C — A forment les côtés. Si A, B, C, D sont des points d'un plan α, on obtient un point E du plan α, tel que

$$(B - A)(C - A) = (D - A)(E - A),$$

en construisant le parallélogramme qui représente

$$(D - A)(E - A),$$

équivalant au parallélogramme représentatif de

$$(B - A)(C - A),$$

en sorte que les triangles ABC, ADE aient le même sens. La transformation d'un bivecteur en un autre qui lui soit égal est ainsi réduite au problème de Géométrie élémentaire qui consiste à transformer un parallélogramme en un autre équivalent. Par conséquent, l'égalité

$$I(J + K) = IJ + IK$$

exprime le théorème de Varignon.

12. a. Le produit d'un point par un bivecteur est un triangle (*voir dém.* du théorème I, n° **11**). Réciproquement, chaque triangle est le produit d'un point par un bivecteur, puisque ABC $=$ A(B — A)(C — A).

b. Disons que le bivecteur non nul IJ est parallèle au

vecteur non nul K (ou K est parallèle à IJ), quand les trois vecteurs I, J, K sont complanaires; c'est-à-dire lorsque

$$IJK = 0.$$

La somme du segment non nul AB avec le bivecteur u parallèle à B — A est un segment que l'on déduit de AB par une translation. Soit, en effet, K un vecteur, tel que

$$K(B - A) = u;$$

alors, en vertu de

$$AB = A(B - A),$$

on aura

$$AB + u = (A + K)(B - A);$$

ce qui démontre le théorème. La translation K n'est point déterminée; mais, en revanche, la droite sur laquelle est situé le segment AB + u est complètement déterminée.

Si X est un point de la droite qui joint A et B (c'est-à-dire est un point tel que ABX = 0), et si Y est un point de la droite de AB + u, la translation K = Y — X est telle que

$$AB + u = (A + K)(B + K).$$

c. La somme de deux bivecteurs est un bivecteur. En effet si u, v sont des bivecteurs, il existe toujours un vecteur I parallèle aux deux bivecteurs u, v. En conséquence, on peut déterminer deux vecteurs J, K, tels que $u = IJ$, $v = IK$; mais alors $u + v = I(J + K)$, ce qui démontre le théorème.

d. On démontre très aisément que *la condition de parallélisme de deux bivecteurs non nuls u, v est que u soit un multiple de v.*

Si u, v sont des bivecteurs non nuls et parallèles, avec le signe $\dfrac{v}{u}$, nous indiquerons encore le nombre x, tel que

$$v = xu.$$

Convenons aussi de $\dfrac{0}{u} = 0$.

e. Un bivecteur est toujours réductible à la somme de trois

segments qui sont les côtés d'un triangle; car si u est un bi-vecteur, on a bien

$$u = (B - A)(C - A) = BC + CA + AB.$$

f. Un bivecteur est toujours réductible à la somme de deux segments parallèles qui ont le même module et non le même sens. Si $u = (B - A)(C - A)$, alors

$$u = AB + C(A - B) = A(B - A) + C(A - B),$$

ce qui démontre la propriété énoncée.

Par analogie, si un segment représente une force appli-quée à un corps rigide, un bivecteur pourra représenter un couple.

13. Trivecteurs. — On appelle *trivecteur*, le produit de trois vecteurs.

Si I, J, K sont des vecteurs et P un point; en vertu de l'égalité $PIJK = P(P + I)(P + J)(P + K)$, on voit que PIJK est le tétraèdre, dont les sommets sont les points P, P + I, P + J, P + K. Si Q est un point, on a toujours $PIJK = QIJK$, c'est-à-dire que le nombre PIJK n'est pas une fonction de P, mais seulement, du trivecteur IJK et nous appellerons *sens* du trivecteur IJK le sens du tétraèdre PIJK.

Soient α un trivecteur, I et J deux vecteurs non nuls et tels que $IJ \neq o$; les vecteurs K, tels que $\alpha = IJK$, sont tou-jours déterminés; la détermination de K dépend du problème de Géométrie élémentaire suivant : *Transformer un tétraèdre en un autre tétraèdre équivalent.*

La somme du triangle non nul ABC avec le triangle α est un triangle que l'on déduit de ABC par une translation. Soit, en effet, K un vecteur, tel que

$$K(B - A)(C - A) = \alpha;$$

alors on aura

$$ABC + \alpha = A(B - A)(C - A) + K(B - A)(C - A)$$
$$= (A + K)(B - A)(C - A),$$

qui démontre le théorème. La translation K n'est point déterminée; mais, en revanche, le plan sur lequel est situé le triangle $ABC + \alpha$ est complètement déterminé.

Si α, β sont deux trivecteurs, tels que $\alpha \neq 0$, le nombre $\dfrac{P\beta}{P\alpha}$ est indépendant du point P. Nous poserons donc, quel que soit le point P, $\dfrac{\beta}{\alpha} = \dfrac{P\beta}{P\alpha}$, et il est clair que $\dfrac{\beta}{\alpha}$ est précisément le nombre x, tel que $\beta = x\alpha$. Ainsi donc, si α est un trivecteur non nul, le trivecteur β, quel qu'il soit, est un multiple de α. Il en résulte encore que la somme de deux trivecteurs est un trivecteur.

On peut toujours représenter, à l'exception du sens, le trivecteur IJK par les trois vecteurs I, J, K de même origine O et le parallélépipède, dont quatre sommets sont précisément les points O, $O + I$, $O + J$, $O + K$. Le volume de ce parallélépipède, d'ailleurs affecté d'un signe (le signe du nombre OIJK), est appelé *grandeur de* IJK (gr IJK); ce qui revient à poser, quel que soit le point O, $\mathrm{gr\,IJK} = 6\,OIJK$. Nous pouvons alors supprimer, sans ambiguïté possible, le signe gr et donner au signe IJK la double signification de trivecteur et de nombre.

Nous appelons *trivecteur unité* et l'indiquons toujours avec la lettre ω un trivecteur tel que, quel que soit le point O, le nombre $O\omega = 1$. Si ω est considéré comme un nombre, $\omega = 6$.

14. Rotation. — Nous allons maintenant considérer un plan dont trois points A, B, C, tels que $ABC \neq 0$, soient fixés.

Soient O, O′ deux points quelconques du plan ABC : on peut toujours déterminer trois points P, Q, R du plan ABC, tels que les points O, O′ soient intérieurs au triangle dont les sommets sont P, Q, R, et tels, en outre, que $\dfrac{PQR}{ABC}$ soit un nombre positif.

Soit alors a une droite du plan donné, qui passe par le point O, et a' une droite du même plan qui passe par le point O′; les droites a, a' rencontrent respectivement le périmètre du triangle PQR en deux points, M, N et M′, N′. Si nous faisons parcourir au point M le périmètre du triangle PQR, dans le sens, par exemple, P, Q, R (*voir* n° **5**, p. 7), le point N parcourt simultanément le périmètre du triangle dans le même sens, et la droite a ainsi que chacun de ses points *tournent*, sur le plan, autour du point O. Nous dirons que les droites a, a' (ou chaque point de ces droites) *tournent*, respectivement, *autour des points* O *et* O' *dans le même sens*, quand les points M, M' (ou N, N') parcourent le périmètre du triangle PQR dans le même sens.

Soit $P_1 Q_1 R_1$ un autre triangle du plan ABC qui jouisse des mêmes propriétés que le triangle PQR ; si M_1, N_1, par exemple, sont les points de rencontre de la droite a avec le périmètre du triangle $P_1 Q_1 R_1$, et si le point M parcourt le périmètre du triangle PQR dans le sens P, Q, R, le point M_1 parcourra le périmètre du triangle $P_1 Q_1 R_1$ dans le sens P_1, Q_1, R_1. Donc, le *sens de la rotation* d'une droite (ou d'un point) autour d'un point fixe du plan ABC est un élément géométrique abstrait qui est fonction du triangle ABC fixé dans le plan.

Nous pouvons fixer le *sens positif* ou le *sens négatif* de la rotation sur le plan ABC en disant que *la droite a tourne autour du point* O *dans le* SENS POSITIF (*ou* NÉGATIF) quand *le point* M *parcourt le périmètre du triangle* PQR *dans le sens* P, Q, R (*ou* P, R, Q). Supposons maintenant qu'un observateur soit placé sur la région des points S tels que SABC corresponde à un nombre négatif ; alors, si la droite a tourne dans le sens positif, l'observateur la verra tourner dans le sens inverse des aiguilles d'une horloge dont il regarderait le cadran.

14 *bis*. Soient I un vecteur non nul du plan ABC et φ un nombre différent de zéro : nous dirons que J *est égal au vecteur* I *tourné de l'angle* φ lorsque : 1° J est un vecteur ; 2° $\mathrm{mod}\,J = \mathrm{mod}\,I$; 3° quel que soit le point O du plan ABC, la droite OI peut aller coïncider avec la droite OJ en tournant dans le sens positif ou négatif, selon que φ est positif ou négatif, le chemin parcouru par le point O + I ayant pour mesure la valeur absolue du nombre $\varphi\,\mathrm{mod}\,I$.

Soit encore que I *est égal au vecteur* I *tourné d'un angle nul*, et que *un vecteur nul est égal au même vecteur tourné d'un angle quelconque* φ.

Soient I, J deux vecteurs non nuls du plan AB tels que $\operatorname{mod} I = \operatorname{mod} J$; il existe une infinité de nombres réels φ tels que J soit égal au vecteur I tourné de l'angle φ. Parmi ces nombres, ceux qui sont positifs ont un minimum φ_1 et ceux qui sont négatifs ont un maximum φ_2. On a toujours $\varphi_1 - \varphi_2 = 2\pi$, et chaque nombre φ est de la forme $\varphi_1 + 2n\pi$, $\varphi_2 + 2n\pi$, où n est un nombre entier quelconque, positif, négatif ou nul.

Nous appelons *angle de* I *avec* J et nous l'indiquons par la notation (I, J) le plus petit des nombres positifs ou nuls φ tels que J soit égal au vecteur I tourné de l'angle φ. Il faut observer que, dans la notation (I, J), le sens positif de la rotation sur le plan ABC est sous-entendu, c'est-à-dire que le nombre (I, J) n'est pas seulement fonction des vecteurs I et J, mais aussi du sens positif choisi pour la rotation sur le plan.

Si $(I, J) = 1$, nous appellerons *radiant* l'angle (I, J); si $(I, J) = \dfrac{\pi}{2}$, l'angle (I, J) sera dit *angle droit* et nous dirons encore que le vecteur I est perpendiculaire au vecteur J, ou réciproquement, dans les cas de $(I, J) = \dfrac{\pi}{2}$ et $(I, J) = \dfrac{3\pi}{2}$.

Si U, V sont vecteurs non nuls du plan ABC, appelons *angle* de U avec V et indiquons, avec la notation (U, V), l'angle du vecteur $\dfrac{U}{\operatorname{mod} U}$ avec le vecteur $\dfrac{V}{\operatorname{mod} V}$; ce qui revient à poser

$$(U, V) = \left(\frac{U}{\operatorname{mod} U}, \frac{V}{\operatorname{mod} V} \right).$$

On a

$$(U, -U) = \pi, \qquad (U, V) = (-U, -V);$$

et si

$$\frac{U}{\operatorname{mod} U} \neq \frac{V}{\operatorname{mod} V}$$

on aura

$$(U, V) + (V, U) = 2\pi.$$

15. Si I est un vecteur non nul du plan, indiquons par iI le vecteur I tourné de l'angle droit positif $\frac{\pi}{2}$; posons aussi $io = o$. Soient alors I et J deux vecteurs quelconques du plan et x un nombre réel; au lieu des notations

$$i(x\mathrm{I}), \quad x(i\mathrm{I}), \quad (i\mathrm{I}) + \mathrm{J}, \quad \mathrm{I}(i\mathrm{J}),$$

qui ont actuellement une signification précise, nous emploierons simplement

$$ix\mathrm{I}, \quad xi\mathrm{I}, \quad i\mathrm{I} + \mathrm{J}, \quad \mathrm{I}i\mathrm{J}.$$

a. Si $\mathrm{I} = \mathrm{J}$, alors $i\mathrm{I} = i\mathrm{J}$.

b. Si n est un nombre entier positif non nul, posons $i^0\mathrm{I} = \mathrm{I}$, $i^n\mathrm{I} = i(i^{n-1}\mathrm{I})$, en d'autres termes, indiquons par $i^n\mathrm{I}$ le vecteur que l'on déduit de I en lui appliquant n fois l'opération i. On a ainsi

$$i^2\mathrm{I} = -\mathrm{I}, \quad i^3\mathrm{I} = -i\mathrm{I}, \quad i^4\mathrm{I} = \mathrm{I}, \quad i^5\mathrm{I} = i\mathrm{I}, \quad \dots,$$

ce qui montre que le signe i^n a les mêmes propriétés que le symbole $\left(\sqrt{-1}\right)^n$.

c. On peut aisément démontrer les formules

$$ix\mathrm{I} = xi\mathrm{I}, \qquad i(\mathrm{I} + \mathrm{J}) = i\mathrm{I} + i\mathrm{J},$$
$$(i\mathrm{I})(i\mathrm{J}) = \mathrm{IJ}, \qquad \mathrm{I}i\mathrm{J} = \mathrm{J}i\mathrm{I},$$
$$\mathrm{I}i(\mathrm{J} + \mathrm{K}) = \mathrm{I}i\mathrm{J} + \mathrm{I}i\mathrm{K}, \qquad (\mathrm{I}, \mathrm{J}) = (i\mathrm{I}, i\mathrm{J}).$$

La première exprime que l'on peut changer l'ordre des deux opérations suivantes : *multiplier par un nombre* et *faire tourner d'un angle droit*. La deuxième nous montre que l'opération i a la propriété distributive par rapport à la somme.

d. La condition d'orthogonalité des deux vecteurs I, J non nuls est $\mathrm{I}i\mathrm{J} = o$.

16. Soit I un vecteur unité du plan : le module du bivecteur $\mathrm{I}i\mathrm{I}$ est 1, et quel que soit le vecteur unité J, on a

$JiJ = IiI$, ce qui nous conduit à appeler IiI le *bivecteur unité* du plan.

a. Si u est un bivecteur du plan [*voir* n° **12** (d)], $\frac{u}{IiI}$ représente le nombre x tel que $u = xIiI$. Ce nombre x est, bien entendu, positif ou négatif selon que les bivecteurs u et IiI ont ou n'ont pas le même sens, et sa valeur absolue est mod u. Nous conviendrons d'indiquer par le signe u, comme nous l'avons déjà fait pour les trivecteurs, le nombre $\frac{u}{IiI}$, c'est-à-dire que nous donnons au signe u la double signification de bivecteur et de nombre. Si le nombre u est positif et que le triangle Ou soit égal au triangle OAB, l'observateur parcourant le triangle de O en A et B verra l'aire du triangle à sa gauche.

b. Si U, V sont des vecteurs non nuls et que l'on suppose connue la théorie des fonctions circulaires, on démontre fort aisément les formules

$$UV = \operatorname{mod}U \operatorname{mod}V \sin(U, V),$$

$$UiV = \operatorname{mod}U \operatorname{mod}V \cos(U, V),$$

d'où l'on déduit

$$\sin(U, V) = \frac{UV}{\operatorname{mod}U \operatorname{mod}V}, \qquad \cos(U, V) = \frac{UiV}{\operatorname{mod}U \operatorname{mod}V},$$

$$\operatorname{tang}(U, V) = \frac{UV}{UiV}.$$

c. Quel que soit le vecteur U, on a donc

$$UiU = (\operatorname{mod}U)^2;$$

en convenant d'écrire U^2 au lieu de UiU, on aura

$$U^2 = (\operatorname{mod}U)^2, \qquad (U + V)^2 = U^2 + 2UiV + V^2$$

et

$$(U + V)i(U - V) = U^2 - V^2.$$

d. Si U, V sont des vecteurs, le nombre UiV s'appelle

produit interne de U *par* V (^{1}); ce produit interne jouit des propriétés commutative et distributive par rapport à la somme. Si mod U $=$ mod V $=$ 1, alors U i V est le cosinus de l'angle (U, V). Si mod U $=$ 1, U i V donnera la grandeur et le sens du vecteur projection orthogonale du vecteur V sur U; c'est-à-dire que le vecteur (U i V)U est la projection orthogonale du vecteur V sur le vecteur U.

Exemples. — 1er Si A_1, A_2, ..., A_n sont des points et que I soit un vecteur unité du plan, l'identité

$$I\,i(A_2 - A_1) + I\,i(A_3 - A_2) + \ldots + I\,i(A_n - A_{n-1}) = I\,i(A_n - A_1)$$

montre que *la somme (algébrique) des projections des côtes d'une ligne brisée sur une droite est égale à la projection sur cette même droite de la droite limitée qui joint les extrémités de la ligne brisée* (**d**).

2e Si I, J sont des vecteurs non nuls et de même module, l'identité $(I + J)\,i(I - J) = I^2 - J^2 = 0$, exprime que *les bissectrices de deux angles adjacents sont rectangulaires.*

3e Soient A, B, C les sommets d'un triangle du plan; posons
$$I = C - B, \qquad J = A - C, \qquad K = B - A;$$
on a

$$(1) \qquad\qquad I + J + K = 0,$$

De la formule (1), on déduit

$$(2) \qquad\qquad (-J)K = (-K)I = (-I)J,$$
$$(3) \qquad\qquad I^2 = J^2 + K^2 - 2(-J)\,i\,K,$$
$$(4) \qquad\qquad I^2 = -J\,i\,I - K\,i\,I = (-I)\,i\,J + (-K)\,i\,I.$$

Divisant respectivement les équations (2) et (4) par

(^{1}) Le lecteur doit fixer son attention sur l'importance du produit interne. Le produit interne, introduit par Grassmann comme une opération abstraite, est réduit ici au produit progressif de deux vecteurs au moyen de l'opération i.

mod I . mod J . mod K et par mod I, il vient

$$\frac{\sin(-J.K)}{\mathrm{mod}\,I} = \frac{\sin(-K,I)}{\mathrm{mod}\,J} = \frac{\sin(-I,J)}{\mathrm{mod}\,K},$$

$$(\mathrm{mod}\,I)^2 = (\mathrm{mod}\,J)^2 + (\mathrm{mod}\,K)^2 - 2\,\mathrm{mod}\,J\,\mathrm{mod}\,K\cos(-J,K),$$

$$\mathrm{mod}\,I = \mathrm{mod}\,J\cos(-I,J) + \mathrm{mod}\,K\cos(-K,I),$$

qui sont les formules mêmes de la Trigonométrie plane, connues généralement sous la forme

$$\frac{\sin A}{a} = \frac{\sin B}{b} = \frac{\sin C}{c},$$

$$a^2 = b^2 + c^2 - 2\,bc\cos A, \qquad a = b\cos C + c\cos B.$$

17. Si x, y sont des nombres réels et que I soit un vecteur
du plan, posons

$$(x+iy)I = xI + y\,iI;$$

on a

$$[(x+iy)I]^2 = (x^2+y^2)(\mathrm{mod}\,I)^2$$

et, par suite,

$$\mathrm{mod}\,[(x+iy)I] = \sqrt{x^2+y^2}.$$

Si $I \neq 0$ et que les nombres x, y ne soient pas nuls ensemble, étant donné que

$$I[(x+iy)I] = y(\mathrm{mod}\,I)^2, \qquad Ii[(x+iy)I] = x(\mathrm{mod}\,I)^2,$$

on aura

$$\mathrm{tang}\,[I,(x+iy)I] = \frac{y}{x}.$$

Ainsi donc, *multiplier le vecteur* I *par le nombre complexe*
$x+iy$ *signifie multiplier* I *par le module du nombre complexe, et faire tourner le vecteur ainsi obtenu d'un angle
égal à l'argument du nombre complexe.*

Si nous écrivons le nombre complexe $x+iy$ sous la forme

$$x+iy = \rho(\cos\varphi + i\sin\varphi)$$

ou sous la forme

$$x+iy = \rho\,e^{i\varphi},$$

on voit que $\cos\varphi + i\sin\varphi$, ou $e^{i\varphi}$, est le signe de l'opération qui, appliquée à un vecteur, le fait tourner d'un angle φ, c'est-à-dire que, quel que soit le nombre φ, $(\cos\varphi + i\cos\varphi)\mathbf{I}$ ou, plus simplement, $e^{i\varphi}\mathbf{I}$, représente le vecteur $\mathbf{I}$ tourné de l'angle φ.

Exemples. — Soit O un point, et I un vecteur unité du plan.

1er Si x, y sont des nombres et que $\mathbf{P} = \mathbf{O} + (x + iy)\mathbf{I}$, x, y seront les coordonnées cartésiennes rectangulaires du point P, en prenant le point O pour origine et les droites OI, $\mathbf{O}(i\mathbf{I})$ comme axes.

2e Si ρ, φ sont des nombres et que $\mathbf{P} = \mathbf{O} + \rho e^{i\varphi}\mathbf{I}$, ρ, φ sont les coordonnées polaires du point P, O étant le pôle et la droite OI l'axe polaire choisis.

3e Le point $\mathbf{P} = \mathbf{O} + r e^{i\varphi}\mathbf{I}$, lorsque φ varie de O à 2π, décrit la circonférence de centre O et de rayon r.

4e Le point $\mathbf{P} = \mathbf{O} + r\varphi e^{i\varphi}\mathbf{I}$ décrit une spirale d'Archimède.

5e Soit O le centre commun à deux circonférences, l'une de rayon a, l'autre de rayon $b\,(a > b)$: un rayon de la première, qui fait l'angle φ avec I, rencontre la première en M et la deuxième en N ; les parallèles aux vecteurs I, iI menées par les points N, M se rencontrent en un point P ; lorsque φ varie de o à 2π, le point P décrit une ellipse dont le centre est en O et dont les demi-diamètres sont respectivement a et b.

On voit aisément que

$$\mathbf{P} = \mathbf{O} + a\cos\varphi\,\mathbf{I} + ib\sin\varphi\,\mathbf{I}.$$

Si nous nous souvenons que

$$e^{i\varphi} = \cos\varphi + i\sin\varphi, \qquad e^{-i\varphi} = \cos\varphi - i\sin\varphi,$$

nous avons alors

$$\mathbf{P} = \mathbf{O} + \frac{a+b}{2}\,e^{i\varphi}\mathbf{I} + \frac{a-b}{2}\,e^{-i\varphi}\mathbf{I}.$$

En général, le point $P = O + he^{i\varphi}I + ke^{-i\varphi}I$, avec la variation de φ, décrit une ellipse dont les demi-diamètres sont $h + k$ et $h - k$.

6° Si un cercle de rayon r roule sans glisser sur la droite m, le lieu des positions successives que vient occuper un point de la circonférence est une cycloïde.

Soient O, M deux points de m tels que $\bmod OM < 2\pi r$ et soit en outre C (*fig.* 1) le centre du cercle du rayon r tan-

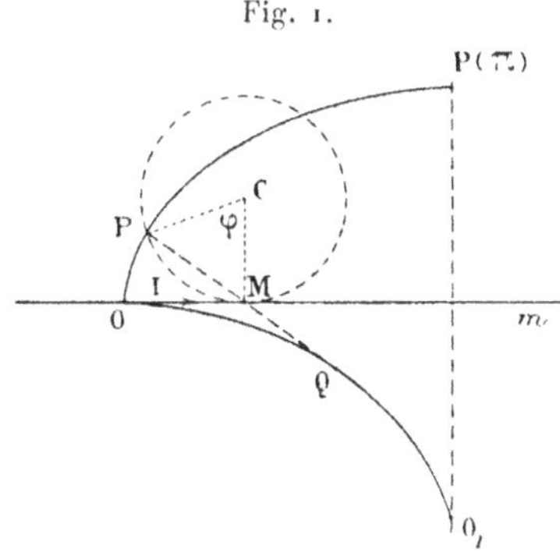

Fig. 1.

gent en M à m. Si O est une position du point que décrit la cycloïde, un point P tel que $\operatorname{arc} MP = \bmod OM$ du cercle de centre C est un point de la cycloïde.

Soit donc $\varphi = (P - C, M - C)$; alors $\bmod OM = r\varphi$; considérons le vecteur unité I parallèle et du même sens que le vecteur $M - O$. Nous aurons

$$P - O = (M - O) + (C - M) + (P - C),$$

$$M - O = r\varphi I, \qquad C - M = ri I, \qquad P - C = -re^{-i\varphi}iI;$$

donc

$$P = O + r\varphi I + ri I - re^{-i\varphi}iI;$$

et le point P décrit la cycloïde lorsque φ varie de $-\infty$ à $+\infty$.

7° Le point

$$P = O + ae^{im\varphi}I + be^{in\varphi}I,$$

lorsque φ varie de $-\infty$ à $+\infty$ décrit une épicycloïde : le rayon du cercle fixe est $a\dfrac{n-m}{n}$ $\left(\text{ou } b\,\dfrac{m-n}{m}\right)$; le rayon du cercle mobile est $a\dfrac{m}{n}$ $\left(\text{ou } b\,\dfrac{m}{n}\right)$; et la distance du point P au centre du cercle mobile est b (ou a).

18. Opération index. — Soient U un vecteur non nul, u un bivecteur non nul, et O un point; si la droite OU est perpendiculaire au plan Ou, alors la droite PU est perpendiculaire au plan Pu, et cela quel que soit le point P. Nous exprimerons cette propriété en disant que *le vecteur* U *est perpendiculaire au bivecteur* u, ou u *perpendiculaire à* U. Nous donnerons la même signification aux phrases *le bivecteur* u *est perpendiculaire au bivecteur* v, *le vecteur* U *est perpendiculaire au vecteur* V.

Si u est un bivecteur non nul, nous indiquerons par le signe $|\,u$ un vecteur tel que : 1° $|\,u$ est perpendiculaire au bivecteur u; 2° $\mathrm{mod}\,(\,|\,u) = \mathrm{mod}\,u$; 3° le trivecteur $u(\,|\,u)$ a le sens direct. Le vecteur $|\,u$ est ainsi bien déterminé, et on l'appelle *index de* u.

Nous convenons de donner à la relation

$$U = |\,u$$

la forme réciproque

$$u = |\,U,$$

afin de pouvoir appeler u l'*index de* U. En conséquence, l'opération dont le signe est $|$, et qu'on appelle *opération index,* appliquée à un bivecteur non nul, produit un vecteur, et appliquée à un vecteur non nul produit un bivecteur. En posant aussi

$$0 = |\,0,$$

cette convention achève de définir l'opération index, qui subsiste alors pour tous les vecteurs et bivecteurs.

Si, par exemple, u, v sont deux bivecteurs, U un vecteur et x un nombre, au lieu des signes

$$|(\,|\,u), \quad (\,|\,u) + U, \quad x(\,|\,u), \quad |(\,x u), \quad u(\,|\,v),$$

qui ont une signification actuellement, nous écrirons plus simplement

$$\| \, u, \quad |\, u + \mathrm{U}, \quad x\,|\, u, \quad |\, xu, \quad u\,|\, v.$$

a. Si u, v, w sont des bivecteurs ou des vecteurs, et si x est un nombre réel, nous avons les formules

$$(1) \qquad\qquad \| \, u = u,$$

$$(2) \qquad\qquad |\, xu = x\,|\, u,$$

$$(3) \qquad\qquad u\,|\, v = v\,|\, u,$$

$$(4) \qquad\qquad (u + v) = |\, u + |\, v,$$

$$(5) \qquad\qquad (u + v)\,|\, w = u\,|\, w + v\,|\, w.$$

Si $\mathrm{U} = |\, u$, alors $u = |\, \mathrm{U}$ et, par conséquent, $u = \| \, u$, ce qui démontre la formule (1); les formules (2), (3) se démontrent aussi aisément.

Voici la démonstration de la formule (4) qui fournit, par rapport à la somme, la propriété distributive de l'opération index. Soient u, v des bivecteurs; si l'un d'eux est nul, la formule (4) est évidente; supposons donc que u et v sont des bivecteurs non nuls. On peut alors déterminer les vecteurs $\mathrm{I}, \mathrm{J}, \mathrm{K}$, tels que I soit perpendiculaire à J et à K, et tels que

$$\mathrm{mod}\,\mathrm{I} = 1, \qquad u = \mathrm{IJ}, \qquad v = \mathrm{IK};$$

en observant que $u + v = \mathrm{I}(\mathrm{J} + \mathrm{K})$, on voit que $|\, u$, $|\, v$, $|\, (u + v)$ sont les vecteurs J, K, $\mathrm{J} + \mathrm{K}$, qui ont reçu autour d'un point quelconque O, sur le plan OJK, une rotation d'un angle droit dans le même sens. La formule (4) est donc démontrée quand u, v sont des bivecteurs. Dans le cas où u et v sont des vecteurs, on déduit la formule (4) pour les vecteurs des formules (1) et (4).

La formule (5) n'est qu'une conséquence de la formule (4) et de la propriété distributive du produit par rapport à la somme.

b. On a

$$u\,|\, u = (\mathrm{mod}\, u)^2.$$

En écrivant u^2 au lieu de $u \mid u$, il vient

$$u^2 = (\operatorname{mod} u)^2, \qquad (u + v)^2 = u^2 + 2u \mid v + v^2,$$
$$(u + v) \mid (u - v) = u^2 - v^2.$$

c. La condition de perpendicularité de u avec v est

$$u \mid v = 0.$$

d. Soient U, V des vecteurs non nuls. Si sur un plan parallèle à U et V nous fixons le sens de la rotation positive et que nous représentions par φ l'angle de U avec V, on voit aisément que le nombre U|V est égal au produit de mod U mod V, par $\cos \varphi$ ou par $-\cos\varphi$. Nous ne pouvons pas appeler φ ou $\pi - \varphi$ l'angle de deux vecteurs U, V, car φ est fonction non seulement de U, V, mais aussi du sens de la rotation positive sur un plan, et nous ne saurions établir une relation entre les directions des rotations positives sur deux plans quelconques.

Pour introduire alors par son cosinus l'angle U, V de deux vecteurs quelconques de l'espace, cet angle étant considéré comme fonction seulement de U et de V, nous poserons

$$U \mid V = \operatorname{mod} U \operatorname{mod} V \cos(U, V),$$

ou bien encore

$$(1) \qquad \cos(U, V) = \frac{U}{\operatorname{mod} U} \mid \frac{V}{\operatorname{mod} V}$$

et nous définissons (U, V) en disant que c'est le plus petit nombre positif ou nul qui vérifie l'équation (1). On en déduit notamment que (U, V) peut varier de 0 à π, par suite, $\sin(U, V)$ est un nombre toujours positif et l'on a

$$\operatorname{mod}(UV) = \operatorname{mod} U \operatorname{mod} V \sin(U, V).$$

Il n'y a pas de contradiction parmi les résultats que nous venons d'obtenir et ceux que nous avons obtenus dans le n° **16,** car dans ce dernier cas (U, V) n'est pas seulement fonction de U et de V.

e. On appelle U $\mid$ V le produit interne de U par V et cette opération a des propriétés analogues à l'opération désignée déjà par *produit interne sur un plan.*

Exemples. — 1er Si A, B, C, D sont des points quelconques, on a toujours

$$(A - B) | (C - D) + (B - C) | (A - D) + (C - A) | (B - D) = o.$$

Pour démontrer cette formule, il suffit de réduire les vecteurs A — B, B — C, C — A à la différence de deux vecteurs ayant même origine D [par exemple, A — B = (A — D) — (B — D)]; développant alors les produits internes, on trouve que le premier nombre est identique à zéro. L'identité que nous venons d'énoncer peut s'interpréter géométriquement de la manière suivante : *Si dans le tétraèdre dont les sommets sont les points* A, B, C, D, *les arêtes opposées* AB *et* CD, BC *et* AD *sont respectivement perpendiculaires deux à deux, les deux dernières arêtes* AC *et* BD *sont aussi rectangulaires;* ou bien encore : *les trois hauteurs d'un triangle ont un point commun.*

2e Si A, B, C sont les sommets d'un triangle et I un vecteur on a

$$(B - C) | I + (C - A) | I + (A - B) | I = o.$$

Donc, si deux des vecteurs B — C, C — A, A — B sont perpendiculaires au vecteur I, le troisième est aussi perpendiculaire à I, ce qui exprime un théorème déjà connu de Géométrie élémentaire.

3e Soient I, J, K des vecteurs unité; posons

$$a = (J, K), \qquad b = (K, I), \qquad c = (I, J)$$

et décomposons J en deux vecteurs J$'$ et J$''$, K en deux vecteurs K$'$ et K$''$, les deux premiers (J$'$ et K$'$) étant perpendiculaires et les deuxièmes (J$''$ et K$''$) parallèles à I; avec $\alpha = (J', K')$ on trouve aisément

$$J' | K' = \sin b \sin c \cos\alpha, \qquad J'' | K'' = \cos b \cos c,$$

mais

$$\cos a = J | K = (J' + J'') | (K' + K'') = J' | K' + J'' | K'';$$

donc

$$\cos a = \cos b \cos c + \sin b \sin c \cos \alpha$$

qui n'est autre que la formule fondamentale de la Trigono
métrie sphérique ([1]).

§ 3. — RÉDUCTION DES FORMES.

19. Formes du premier ordre. — On appelle *masse de la
forme du premier ordre*

$$S = x_1 A_1 + x_2 A_2 + \ldots + x_n A_n$$

le nombre $x_1 + x_2 + \ldots + x_n$.

a. La masse de la forme du premier ordre S est le nombre
$S\omega$. En effet

$$A_1 \omega = A_2 \omega = \ldots = A_n \omega = 1 \qquad \text{et} \qquad S\omega = x_1 + x_2 + \ldots + x_n.$$

b. Si une forme du premier ordre a une masse nulle, cette
forme est réductible à un vecteur, et réciproquement.

Nous avons, O étant un point quelconque,

$$S = (x_1 + x_2 + \ldots + x_n)O$$
$$+ x_1(A_1 - O) + x_2(A_2 - O) + \ldots + x_n(A_n - O);$$

et, si nous posons

$$I = x_1(A_1 - O) + x^2(A_2 - O) + \ldots + x_n(A_n - O),$$

il vient

$$S = (S\omega)O + I.$$

Si $S\omega = 0$, alors $S = I$; mais I est un vecteur; par conséquent
S est bien réductible à un vecteur. Réciproquement, si S est
un vecteur tel que $S = B - A$, on a

$$S\omega = B\omega - A\omega = 1 - 1 = 0.$$

([1]) E. CARVALLO, *Sur une généralisation du théorème des projections*
(*Nouvelles Annales de Mathématiques*, t. IX; 1891).

c. Si une forme du premier ordre n'est pas à masse nulle, cette forme est réductible au produit de sa masse par un point. En effet, si $S\omega \neq 0$, on a

$$S = (S\omega)\left(0 + \frac{1}{S\omega}I\right).$$

Si $S\omega \neq 0$, le point $\dfrac{S}{S\omega}$ est appelé *barycentre de la forme* S ; en Mécanique $\dfrac{S}{S\omega}$ est le centre de gravité des points pesants $A_1, A_2, \ldots, A_n$, qui ont, respectivement, les masses

$$x_1, \quad x_2, \quad \ldots, \quad x_n.$$

d. Si A, B sont deux points, et x, y deux nombres non nuls, et que, de plus, $x + y \neq 0$, le point $C = \dfrac{x\,A + y\,B}{x + y}$ est situé sur la droite AB et décompose le segment AB en deux parties inversement proportionnelles aux nombres x, y. En effet, multipliant les deux membres de l'égalité

$$x\,A + y\,B = (x + y)\,C$$

par AB, on a $ABC = 0$, c'est-à-dire que les points A, B, C, sont situés sur une même droite ; multipliant la même égalité par C, on a $x\,AC + y\,BC + 0$, c'est-à-dire que $\dfrac{AC}{CB} = \dfrac{y}{x}$, ce qui démontre la dernière partie du théorème.

On en déduit fort aisément la construction graphique du point $\dfrac{x\,A + y\,B}{x + y}$ et, par conséquent, la construction du barycentre d'une forme quelconque de premier ordre.

Exemples. — Soient A, B, C, … des points.

1er Le point $\dfrac{A + B}{2}$ est le milieu du segment AB.

2e Si $ABC \neq 0$, $\dfrac{A + B + C}{3}$ est le point par lequel passent les trois médianes du triangle ABC ; on démontre cette propriété en observant que $\dfrac{A + B + C}{3}$ est le barycentre des points $\dfrac{A + B}{2}$, C auxquels sont affectées les masses 2, 1.

3e L'identité

$$\frac{A + B + C + D}{4} = \frac{\dfrac{A + B}{2} + \dfrac{C + D}{2}}{2}$$

$$= \frac{\dfrac{B + C}{2} + \dfrac{D + A}{2}}{2} = \frac{\dfrac{A + C}{2} + \dfrac{B + D}{2}}{2}$$

montre que les droites qui joignent les milieux des côtés opposés et des diagonales d'un quadrilatère ont un point commun qui est précisément le barycentre du quadrilatère.

4e Les droites AD, BC se coupant au point E et les droites AB, CD au point F, si l'on observe que

$$EAD = EBC = FBA = FCD = o,$$

on peut écrire

$$(A + C)(B + D)(E + F)$$
$$= ABE + ADF + CBF + CDE = (CDE - BAE) - (DAF - CBF);$$

et les deux formes entre parenthèses nous donnent l'aire du quadrilatère (plan) dont les sommets sont A, B, C, D; par conséquent

$$(A + C)(B + D)(E + F) = o,$$

c'est-à-dire *les milieux des diagonales d'un quadrilatère complet sont sur une même droite.*

5e Le point O (*fig.* 2) est le centre commun à deux circonférences; par un point P, par exemple, de la circonférence interne, on mène les cordes rectangulaires PA et PBC que l'on fait ensuite tourner autour du point fixe P : 1° démontrer que le barycentre du triangle ABC est fixe; 2° démontrer que la somme des carrés des distances du point P aux points A,

B.-F.

B, C est constante; 3° trouver les lieux décrits par les milieux des côtés du triangle (¹).

Si $P' = O + (O - P)$, le trapèze dont les sommets sont A,

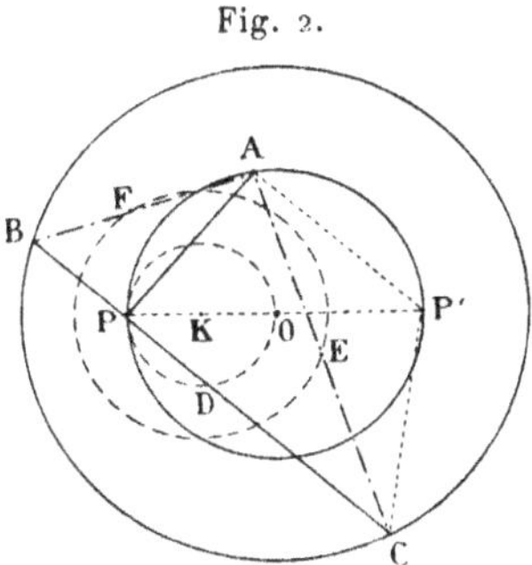

Fig. 2.

B, C, P' est isoscèle et l'on voit facilement que

$$(1) \qquad (A - P) + (B - P) + (C - P) = 2(O - P).$$

Cette relation (1) est d'ailleurs identique à la relation

$$\frac{A + B + C}{3} = \frac{2O + P}{3},$$

qui démontre la première partie.

Les carrés (produits internes) des deux membres de l'égalité (1) donnent

$$A - P)^2 + (B - P)^2 + (C - P)^2 + 2(B - P)i(C - P) = 4(O - P)^2,$$

car

$$(A - P)i(B - P) = (A - P)i(C - P) = 0.$$

Mais si r, R sont les rayons des deux circonférences, on a

$$4(O - P)^2 = 4r^2,$$
$$2(B - P)i(C - P) = -2(R + r)(R - r)$$

<hr>

(¹) *Composition de mathématique à l'École spéciale militaire de Saint-Cyr.* Concours de 1895.

et, par suite,

$$(A - P)^2 + (B - P)^2 + (C - P)^2 = 2(R^2 + r^2),$$

ce qui démontre la deuxième partie.

Posons enfin

$$D = \frac{B + C}{2}, \qquad E = \frac{C + A}{2}, \qquad F = \frac{A + B}{2}, \qquad K = \frac{P + O}{2}.$$

Si nous mettons la relation (1) sous la forme

$$A + (B - P) + C = 2O$$

ou bien sous la forme

$$(A - O) + (B - P) + (C - O) = o,$$

il en résulte que

$$D - K = \frac{B - P}{2} + \frac{C - O}{2} = - \frac{A - O}{2};$$

donc $\mathrm{mod}(D - K) = \frac{1}{2} r$ est constant, D décrit un cercle de centre K et de rayon $\frac{r}{2}$. On trouverait de même que les points E, F sont toujours sur le cercle de centre K et de rayon $\frac{R}{2}$.

20. Formes du deuxième ordre. — Chaque segment est réductible à la forme AI où A est un point et I un vecteur, car $AB = A(B - A)$; et l'on peut faire de même pour le produit d'un segment par un nombre, car $x(AI) = A(xI)$. Une forme s du deuxième ordre (qui est la somme d'un nombre fini de segments) est donc réductible à la forme générale

$$(1) \qquad s = A_1 I_1 + A_2 I_2 + \ldots + A_n I_n,$$

où A_1, A_2, ..., A_n sont des points et I_1, I_2, ..., I_n des vecteurs.

a. Appelons *vecteur du segment* AI le vecteur I; appelons *vecteur d'une forme du deuxième ordre* la somme des vecteurs des segments dont elle est composée; le vecteur de s sera $I_1 + I_2 + \ldots + I_n$.

b. Une forme s du deuxième ordre est réductible d'une infinité de manières à la somme d'un bivecteur et d'un segment dont le vecteur est le vecteur même de s. En effet, soit O un point quelconque : puisque

$$A_1 I_1 = (A_1 - O)I_1 + OI_1,$$

la relation (1) prend la forme

$$s = O(I_1 + I_2 + \ldots + I_n)$$
$$+ [(A_1 - O)I_1 + (A_2 - O)I_2 + \ldots + (A_n - O)I_n],$$

qui démontre le théorème.

En général, O étant un point quelconque, on a $s = OI + u$, où I est le vecteur de s, et u un bivecteur qui dépend de s et de O.

c. Si s est une forme du deuxième ordre, on appelle *invariant de s* le tétraèdre ss.

Pour que la forme s du deuxième ordre soit réductible à un segment ou à un bivecteur (c'est-à-dire au produit de deux formes du premier ordre) il faut et il suffit que l'invariant de s soit nul ($ss = 0$). En effet, si $s = AB$, où A et B sont des formes du premier ordre, $ss = ABAB = 0$; la condition est donc nécessaire : si au contraire $s = OI + u$, alors $ss = 2\,OIu$; on a bien $ss = 0$, quand $Iu = 0$; si I ou u sont nuls, alors s est un segment ou un bivecteur; mais si I et u ne sont pas nuls, u est alors parallèle à I et $OI + u$ est un segment parallèle à OI : la condition est donc bien aussi suffisante.

d. Soient A, B deux points et I, J deux vecteurs d'un plan; considérons la forme du deuxième ordre $s = AI + BJ$. Si les segments AI, BJ ne sont pas parallèles et que O soit le point commun aux droites qui comportent les segments AI, BJ, l'identité $s = O(I + J) + (A - O)I + (B - O)J$ donne alors $s = O(I + J)$, car les vecteurs $A - O$, $B - O$ sont respectivement parallèles aux vecteurs I, J et la formule $s = O(I + J)$ fournit la réduction immédiate de s à un segment. Si les segments AI, BJ sont parallèles, alors $J = xI$ et $s = (A + xB)I$: si $x \neq -1$, on a $s = \dfrac{A + xB}{1 + x}(I + J)$, et l'on réduit s à un segment, faisant usage de la construction du barycentre de la forme $A + xB$; si $x = -1$, alors $s = (A - B)I$ et s est réductible à un bivecteur. En général, une forme du deuxième ordre qui est la somme de segments d'un même plan est toujours réductible à un segment ou à un bivecteur.

En Mécanique, on peut représenter une force appliquée à un corps rigide par un segment et la résultante d'un système de pareilles forces par une forme du deuxième ordre. Un couple est représenté par un bivecteur : si A, B, C, D sont quatre points, le nombre ABCD est proportionnel au moment de la force AB par rapport à l'axe CD. Si u est un bivecteur, $| u$ est l'axe moment du couple.

Exemples. — 1er Soient A_1, A_2, ..., A_n des points d'un même plan : la forme

$$s = A_1 A_2 + A_2 A_3 + \ldots + A_{n-1} A_n + A_n A_1$$

a un vecteur nul ; elle est donc réductible à un bivecteur. Quel que soit le point P du plan, le triangle Ps a la même valeur et l'on peut appeler aire limitée de la ligne polygonale fermée A_1, A_2, ..., A_n, l'aire du triangle Ps. Si la ligne est convexe, l'aire ainsi définie est celle que l'on considère en Géométrie élémentaire.

2e Soient A, B, C les sommets d'un triangle ; posons

$$a = \frac{BC}{\mod BC}, \qquad b = \frac{CA}{\mod CA}, \qquad c = \frac{AB}{\mod AB}.$$

Les segments $b + c$, $c + a$, $a + b$ sont sur les bissectrices externes, et les segments $b - c$, $c - a$, $a - b$ sur les bissectrices internes du triangle. Les identités

$$a + b + c = (b + c) + a = (c + a) + b = (a + b) + c$$

démontrent que les points de rencontre des bissectrices externes avec les côtés opposés sont placés sur une même droite. On trouvera de même la signification géométrique des identités $a + b - c = (a + b) - c = (a - c) + b = (b - c) + a,$ ..., $b - c = (b - a) - (c - a),$ ....

21. Formes du troisième ordre.

— Chaque triangle est réductible à la forme $A u$ où A est un point et u un bivecteur, car $ABC = A(B - A)(C - A)$; et l'on peut faire, de même, comme précédemment, pour le produit d'un triangle par un nombre, car $m(A u) = A(m u)$. Par suite une forme σ du troisième ordre, qui est la somme d'un nombre fini de triangles, est toujours réductible à la forme générale

$$(1) \qquad \sigma = A_1 u_1 + A_2 u_2 + \ldots + A_n u_n,$$

où A_1, A_2, ..., A_n sont des points et u_1, u_2, ..., u_n des bivecteurs.

a. Appelons *bivecteur du triangle* $A u$ le bivecteur u, et, de même, *bivecteur d'une forme du troisième ordre* la somme des bivecteurs des triangles dont elle résulte elle-même par addition; le bivecteur de σ est alors

$$u_1 + u_2 + \ldots + u_n.$$

b. Une forme du troisième ordre est réductible à un trivecteur ou à un triangle, suivant que son bivecteur est nul ou non. Considérons, par exemple, un point quelconque O; on a, entre autres,

$$A_1 u_1 = (A_1 - O) u_1 + O u_1$$

et, par conséquent,

$$\sigma = O(u_1 + u_2 + \ldots + u_n) + (A_1 - O) u_1 + \ldots + (A_n - O) u_n,$$

c'est-à-dire que σ est précisément réductible à la forme

$$\sigma = O u + \alpha,$$

où O est un point quelconque, u est le bivecteur de σ et α est un trivecteur dépendant de O et de σ. Alors, si $u \neq o$, on peut déterminer le vecteur I tel que $\alpha + I\,u$ et, par suite,

$$\sigma = (O + I)u$$

et σ est bien réductible à un triangle ; au contraire, si $u = o$, on a $\sigma = \alpha$ et σ est réductible à un trivecteur.

22. Éléments projectifs. — Quel que soit l'ordre de la forme non nulle A, nous écrivons, pour abréger, posit A, au lieu de *position de* A.

a. Si S est une forme du premier ordre telle que $S\omega \neq o$. nous posons

$$\text{posit}\,S = \frac{S}{S\,\omega} ;$$

en d'autres termes, par le signe posit S, nous désignons le barycentre de la forme S. Si S′ est un multiple de S on aura posit S′ = posit S, et réciproquement.

Si I est un vecteur non nul, nous conviendrons toujours que le symbole posit I est équivalent à *direction de* I ; on en déduit pour deux vecteurs non nuls I, J parallèles (ce qui revient, comme nous l'avons vu, à dire que I est un multiple de J), posit I = posit J, et réciproquement. Avec le langage ordinaire de la Géométrie projective, on dira que posit I est un *point à l'infini*.

Nous écrirons de même *point projectif* au lieu de *position d'une forme non nulle de premier ordre*. Un point projectif peut être alors un point (suivant Euclide), ou bien un point à l'infini. Si S est une forme non nulle du premier ordre, écrivons aussi point S au lieu de posit S.

b. Soit a une forme non nulle du deuxième ordre à invariant nul ($aa = o$) : nous indiquerons par le symbole posit a, le lieu des points projectifs, positions des formes non nulles A, du premier ordre, telles que $Aa = o$. Si A, B sont deux points tels que $AB \neq o$, posit AB contiendra tous les points de la droite (illimitée) qui joint A et B, ainsi, d'ailleurs, que le point à l'infini qui est la position du vecteur B — A. Soient de même deux vecteurs I, J, avec la condition $IJ \neq o$; posit IJ représente, d'après les précédentes conventions, un ensemble de points à l'infini qui peut être identifié à l'orientation du bivecteur IJ. Si a, b sont deux formes, non nulles, du deuxième ordre, dont nous supposons les invariants identiquement nuls, tels que a est un multiple de b, on aura

$$\text{posit}\, a = \text{posit}\, b.$$

Nous convenons encore d'écrire *droite projective* au lieu de *position d'une forme non nulle du deuxième ordre dont l'invariant est nul; droite à l'infini*, au lieu de *position d'un bivecteur non nul;* droit a au lieu de posit a.

c. Soit α une forme non nulle du troisième ordre : nous indiquerons par posit α le lieu des points projectifs qui sont les positions des formes du premier ordre A telles que $A\alpha = o$; dans ces conditions si A, B, C sont trois points soumis à la relation $ABC \neq o$, posit ABC contient tous les points du plan qui passe par A, B et C, ainsi que tous les points de la droite à l'infini qui est la position du bivecteur $(B - A)(C - A)$. Si α est un trivecteur non nul, alors posit $\alpha = \text{posit}\, \omega$ et posit ω est le lieu de tous les points à l'infini. Si α et β sont des formes non nulles du troisième ordre, telles que α soit un multiple de β, on aura posit $\alpha = \text{posit}\, \beta$ et réciproquement.

Comme précédemment, nous écrirons *plan projectif* au lieu de *position d'une forme non nulle du troisième ordre, plan à l'infini* au lieu de posit ω, et plan α au lieu de posit α ([1]).

d. Si $AB \neq o$ droit AB est alors la droite projective qui joint les points A et B. Avec $Aa \neq o$, plan Aa sera le plan

---

([1]) Toutes les propriétés ordinaires subsistent pour des éléments projectifs définis comme nous venons de le faire. En suivant la méthode que nous venons d'exposer et en appliquant la théorie des transformations linéaires, on peut très aisément obtenir toutes les propriétés de la Géométrie projective ordinaire. [*Voir* C. BURALI-FORTI, *Il metodo del Grassmann nella Geometria proiettiva.* (*Rendic. Circ. Matem. di Palermo*) Nota I, 1896; Nota II, 1897.] La puissance de la méthode de Grassmann s'affirme également dans le champ de la Géométrie synthétique.

projectif qui passe par le point A et la droite a. Les conditions $\alpha \neq 0$, $AB \neq 0$, $A\alpha = B\alpha = 0$ montrent que tous les points de la droit AB sont situés dans le plan α.

23. Les formes du premier ordre A, B, ... sont dites *collinéaires,* quand celles qui ne sont pas nulles ont leurs positions sur une même droite projective ; de même les formes du premier ordre A, B, ... et les formes du deuxième ordre a, b, ..., à invariants nuls, sont dites *complanaires* quand celles qui ne sont pas nulles ont leurs positions sur un même plan projectif.

Exemple. — Les vecteurs parallèles à un même plan sont des formes collinéaires ; les vecteurs et les bivecteurs sont des formes complanaires.

a. Si $AB \neq 0$, et que les formes du premier ordre A, B, C, D soient collinéaires, la notation $\dfrac{CD}{AB}$ a reçu une signification unique (n° **4** et n° **12, d**), puisque AB et CD sont bivecteurs ou segments, selon que droit AB est ou n'est pas une droite à l'infini. Nous convenons alors d'identifier le signe CD au nombre $\dfrac{CD}{AB}$ (la forme AB étant fixée) quand nous ne considérerons que des formes du premier ordre, collinéaires avec A et B.

b. De même si $ABC \neq 0$, et que les formes du premier ordre A, B, C, D, E, F, soient complanaires, la notation $\dfrac{DEF}{ABC}$ a reçu une signification univoque, car ABC, DEF sont des trivecteurs ou des triangles, suivant que plan ABC est ou n'est pas le plan de l'infini. Lorsque la forme ABC est fixée nous conviendrons encore d'identifier le signe DEF au nombre $\dfrac{DEF}{ABC}$, à condition de ne considérer que les formes du premier ordre qui sont complanaires avec A, B et C.

24. Identité entre formes du premier ordre. — Les théorèmes que nous allons énoncer donnent les relations qui existent entre cinq formes quelconques du premier ordre, ou bien entre quatre formes complanaires du premier ordre, et trois formes collinéaires du même ordre.

Théorème I. — *Si* A, B, C, D, E *sont des formes du premier ordre, on a*

$$(1) \qquad BCDE.A + CDEA.B + DEAB.C + EABC.D + ABCD.E = 0.$$

Dém. — Si A, B, C, D, E sont des points satisfaisants à $ABCD \neq 0$, on peut déterminer les nombres x, y, z tels que

$$E - A = x(B - A) + y(C - A) + z(D - A),$$

ou encore

$$(1)' \qquad E = (1 - x - y - z)A + xB + yC + zD;$$

en multipliant par BCD les deux membres de l'égalité $(1)'$, on a

$$1 - x - y - z = - \frac{BCDE}{ABCD}.$$

et autres formules analogues pour x, y, z. Si nous substituons alors ces valeurs de $1 - x - y - z$, x, y, z dans l'égalité $(1)'$, on trouve que la formule (1) est démontrée lorsque A, B, C, D, E sont des points et que A, B, C, D ne sont pas complanaires; mais cette équation (1) est symétrique par rapport à toutes les lettres, ce qui prouve qu'elle est également vraie quand A, B, C, D, E sont des points non complanaires; d'ailleurs, si A, B, C, D, E étaient des points complanaires, chaque terme de cette équation serait nul. Donc cette équation (1) est bien établie pour le cas où A, B, C, D, E sont des points quelconques.

Si A, B, C, D, E sont des formes du premier ordre, on a

$$A = m_1 A_1 + m_2 A_2, \qquad B = n_1 B_1 + n_2 B_2, \qquad C = p_1 C_1 + p_2 C_2,$$
$$D = q_1 D_1 + q_2 D_2, \qquad E = r_1 E_1 + r_2 E_2,$$

où A_1, ... représentent des points et m_1, ... des nombres; les égalités analogues à l'équation (1), que l'on peut former avec les points A_1, ..., B_1, ..., sont alors vérifiées; d'autre part, celles-ci, multipliées par les produits $mnpqr$ et sommées, donnent la formule (1).

Théorème II. — *Si* A, B, C, D *sont des formes complanaires du premier ordre, on a*

$$BCD.A - CDA.B + DAB.C - ABC.D = o.$$

Dém. — Soit E une forme du premier ordre, non complanaire avec A, B, C, D, le théorème I indique que l'on a

$$BCDE.A - CDAE.B + DABE.C - ABCE.D = o,$$

car $ABCD = o$. Mais les nombres (tétraèdres) BCDE, CDAE, ... sont proportionnels à BCD, CDA, ... et le théorème se trouve ainsi démontré.

Théorème II. — *Si* A, B, C *sont des formes collinéaires du premier ordre, on aura*

$$BC.A + CA.B + AB.C = o.$$

Dém. — Car si D est une forme de premier ordre, non collinéaire avec A, B, C, on déduit du théorème II que

$$BCD.A + CAD.B + ABD.C = o,$$

puisque $ABC = o$; or les nombres BCD, CAD, ABD sont proportionnels à BC, CA, AB, ce qui achève d'établir le théorème énoncé.

§ 4. — PRODUITS RÉGRESSIFS.

25. Formes du deuxième et troisième ordre. — Soient A, B, P, Q, R des formes du premier ordre; en posant

$$(1) \qquad AB.PQR = APQR.B - BPQR.A$$

nous dirons que AB.PQR est le *produit régressif,* ou simplement le *produit* de AB par PQR. En rapprochant la définition (1) et l'identité du théorème I du n° **24**, on voit que

$$(2) \qquad AB.PQR = ABQR.P + ABRP.Q + ABPQ.R.$$

a. Si l'on a $A'B' = AB$ et $P'Q'R' = PQR$, les formules (1), (2) prouvent que

$$AB.P'Q'R' = AB.PQR, \qquad A'B'.PQR = AB.PQR,$$

et, par suite, le produit $AB.PQR$ peut être considéré comme une fonction des formes AB, PQR. Si nous posons encore

$$a = AB, \qquad \alpha = PQR,$$

on pourra écrire

$$(1)' \qquad\qquad AB.\alpha = A\alpha.B - B\alpha.A,$$
$$(2)' \qquad\qquad a.PQR = aQR.P + aRP.Q + aPQ.R,$$

ce qui définit le produit d'une forme du deuxième ordre, à invariant nul, par une forme du troisième ordre.

Quant au produit d'une forme quelconque a du deuxième ordre par une forme du troisième ordre α, nous convenons qu'il se trouve défini par la formule $(2)'$. Si l'on convient que $\alpha a = a\alpha$, le produit d'une forme du deuxième ou du troisième ordre par une forme du deuxième ou du troisième ordre reste défini d'une manière générale. Ces produits ont, au reste, toutes les propriétés des produits algébriques, y compris la propriété commutative; on aura, par exemple,

$$a\alpha = \alpha a, \qquad (a+b)\alpha = a\alpha + b\alpha, \qquad a(\alpha + \beta) = a\alpha + a\beta$$

et, si x est un nombre réel,

$$x(a\alpha) = (xa)\alpha = a(x\alpha).$$

b. Il résulte encore des équations (1) et (2) que $(a\alpha)a = 0$, $(a\alpha)\alpha = 0$, ce qui prouve que $a\alpha$ ou αa est une forme du premier ordre appartenant aux formes a, α. Si $a\alpha \neq 0$ avec $aa = 0$, posit $a\alpha$ est le point projectif, intersection de la droite a et du plan α, on en déduit qu'une droite et un plan projectif ont toujours au moins un point commun. Si $a \neq 0$, $\alpha \neq 0$, avec $aa = 0$, on aura $a\alpha = 0$ lorsque la droite a est contenue dans le plan α, et réciproquement.

c. A étant un point et I un vecteur, on a

$$AI.\omega = A\omega.I - I\omega.A = I,$$

ce qui revient à dire que $AI.\omega$ est le vecteur du segment AI. En général, si s est une forme du deuxième ordre, $s\omega$ est le vecteur de la forme s, et l'on a, quel que soit le point O,

$$s = O(s\omega) + u,$$

expression dans laquelle u désigne un bivecteur fonction de O et de s.

Exemples. — Soient A, B, ... des points, a, b, ... des segments non nuls, et α, β, ... des triangles également non nuls. On peut énoncer les propriétés suivantes :

1er La parallèle à la droite a, menée par le point A, est la position de la forme $A.a\omega$.

2e Le plan perpendiculaire à la droite a et passant par A est la position de la forme $A \,|\, a\omega$.

3e La position de la forme $Aa.A \,|\, a\omega$ est la droite qui passe par A, perpendiculairement à la droite a, et rencontrant précisément cette droite au point qui est la position de la forme $a.A \,|\, a\omega$.

4e La condition de parallélisme des droites a et b est $a\omega.b\omega = 0$, et la condition de perpendicularité de ces mêmes droites $a\omega \,|\, b\omega = 0$.

5e Si $AB.\alpha \neq 0$ et que $AB.\alpha$ ne soit pas un vecteur, $AB.\alpha$ est le point de rencontre de la droite AB avec le plan α, la masse de ce point étant d'ailleurs égale à $A\alpha.B\omega - B\alpha.A\omega$.

26. Formes du troisième ordre. — Soient A, B, C, P, Q, R des formes du premier ordre, posons

$$ABC.PQR = APQR.BC + BPQR.CA + CPQR.AB,$$

et appelons $ABC.PQR$ le *produit régressif* ou simplement le *produit* de ABC par PQR.

a. Il est manifeste que $ABC.PQR$ est une fonction de la forme du troisième ordre PQR ; mais on peut démontrer que $ABC.PQR$ est une fonction aussi de la forme ABC : ainsi, étant données deux formes du troisième ordre α et β, le produit $\alpha\beta$ de ces deux formes du troisième ordre, l'une par l'autre, se trouve bien défini. Ces produits ont encore toutes les propriétés des produits algébriques, excepté cependant la propriété commutative ; on a, par exemple,

$$\alpha\beta = -\beta\alpha, \qquad \alpha(\beta + \gamma) = \alpha\beta + \alpha\gamma,$$

et, si x est un nombre,

$$x(\alpha\beta) = (x\alpha)\beta = \alpha(x\beta).$$

b. De la définition même du produit $\alpha\beta$, on déduit que $(\alpha\beta)(\alpha\beta) = 0$, $(\alpha\beta)\alpha = 0$, $(\alpha\beta)\beta = 0$, c'est-à-dire que $\alpha\beta$ est une forme du deuxième ordre à invariante nulle et qui appartient aux formes α, β. Si $\alpha\beta \neq 0$, posit $\alpha\beta$ est la droite projective intersection des plans α et β ; on déduit de là que deux plans projectifs ont toujours au moins une droite projective en commun. Si $\alpha \neq 0$ avec $\beta \neq 0$, on aura $\alpha\beta = 0$ si plan α = plan β et réciproquement.

c. Soient un point A et deux vecteurs I, J,

$$\text{AIJ}.\omega = \text{A}\omega.\text{IJ} + \text{I}\omega.\text{JA} + \text{J}\omega.\text{AI} = \text{IJ}.$$

AIJ.ω est le bivecteur du triangle AIJ. D'une manière générale, si σ est une forme du troisième ordre, $\sigma\omega$ est le bivecteur de σ et l'on a, quel que soit le point O,

$$\sigma = \text{O}(\sigma\omega) + \alpha,$$

α étant un trivecteur fonction de O et de σ.

Exemples. — Si A, B, ... sont des points, a, b, ... des segments non nuls, α, β, ... des triangles non nuls, on peut dire :

1er La position de la forme A.$\alpha\omega$ est le plan parallèle à α, mené par le point A.

2e La position de la forme $A|(\alpha\omega)$ est la droite perpendiculaire au plan α, issue du point A.

3° La position de la forme $a\,|\,(\alpha\omega)$ est le plan perpendiculaire au plan α, passant par la droite a.

4° La condition de parallélisme de deux plans α et β est $(\ \alpha\omega)\,(\,|\,\beta\omega) = 0$, ce qui revient à dire que $\alpha\omega$ est un multiple de $\beta\omega$; la condition de perpendicularité est $(\alpha\omega)\,(\beta\omega) = 0$. La condition de parallélisme de la droite a avec le plan α est $(a\omega)\,(\alpha\omega) = 0$, et la perpendicularité de la droite et du plan est exprimée par $(a\omega)\,|\,(\alpha\omega) = 0$.

5° Si $a\omega\,.\,b\omega \neq 0$, le vecteur $|\,(a\omega\,.\,b\omega)$ est perpendiculaire aux droites a et b; par conséquent, la droite

$$(1) \qquad [a\,|\,(a\omega\,.\,b\omega)]\,[b\,|\,(a\omega\,.\,b\omega)]$$

est la perpendiculaire commune aux droites a et b : les positions des formes

$$(2) \qquad a[b\,|\,(a\omega\,.\,b\omega)], \quad b[a\,|\,(a\omega\,.\,b\omega)]$$

sont les points communs à la droite (1) et aux droites a et b.

Si A, B sont les positions des formes (2), on a

$$a = A\,.\,a\omega, \qquad b = B\,.\,b\,\omega$$

et

$$ab = A\,.\,a\omega\,.\,B\,.\,b\omega = A(A-B)\,.\,a\omega\,.\,b\omega;$$

mais le vecteur $A-B$ est perpendiculaire au bivecteur $b\omega\,.\,b\omega$; par suite

$$\mathrm{mod}(ab) = \frac{1}{6}\,\mathrm{mod}(AB)\,\mathrm{mod}(a\omega\,.\,b\omega)$$

ou

$$(3) \qquad \mathrm{mod}(AB) = \frac{6\,\mathrm{mod}(ab)}{\mathrm{mod}(a\omega\,.\,b\omega)},$$

qui nous donne la plus courte distance entre les points de la droite a et ceux de la droite b, lorsque ces deux droites ne sont pas parallèles.

27. Propriétés générales des produits. — Nous allons grouper ici les propriétés générales des produits progressifs et régressifs. Soient donc r et s deux nombres entiers positifs inférieurs à 4; A_r, A'_r des formes d'ordre r; A_s, A'_s des formes d'ordre s, on a :

1er Si $r + s \lesseqgtr 4$, le produit de A_r par A_s est progressif et $A_r A_s$ est une forme d'ordre $r + s$;

2e Si $r + s > 4$, le produit de A_r par A_s est régressif et $A_r A_s$ est une forme d'ordre $r + s - 4$;

3e Si $A_r = A'_r$ et $A_s = A'_s$, alors $A_r A_s = A'_r A'_s$;

4^e $A_r A_s = (-1)^{rs} A_s A_r$;

5^e $A_r (A_s + A'_s) = A_r A_s + A_r A'_s$;

6e Si x est un nombre, $x(A_r A_s) = (x A_r) A_s = A_r (x A_s)$.

28. Dualité. — Soient r, s, t des nombres entiers positifs plus petits que 4, et soient, en outre, A_r, A_s, A_t des formes d'ordres respectifs r, s, t. On obtient le produit $A_r A_s . A_t$ par deux multiplications; si ces deux multiplications sont progressives $A_r A_s . A_t$, est alors une forme d'ordre $r + s + t$; si une de ces multiplications est progressive et que l'autre soit régressive, $A_r A_s . A_t$ est alors une forme d'ordre $r + s + t - 4$; enfin, si les deux multiplications sont régressives, $A_r A_s . A_t$ est une forme d'ordre $r + s + t - 8$.

Si A, B, ..., a, b, ..., α, β, ... sont respectivement des formes du premier, deuxième et troisième ordre, on peut aisément démontrer les formules suivantes pour les produits de trois facteurs :

$$(1) \quad AB.C = A.BC, \qquad\qquad (1)' \quad \alpha\beta.\gamma = \alpha.\beta\gamma.$$
$$(2) \quad AB.a = A.Ba, \qquad\qquad (2)' \quad \alpha\beta.a = \alpha.\beta a,$$
$$(3) \quad AB.\alpha = A\alpha.B - B\alpha.A, \qquad\qquad (3)' \quad \alpha\beta.A = \alpha A.\beta - \beta A.\alpha,$$
$$(4) \quad ab.A = aA.b + bA.a, \qquad\qquad (4)' \quad ab.\alpha = a\alpha.b - b\alpha.a,$$
$$(5) \quad Aa.\alpha = A\alpha.a + a\alpha.A.$$

On déduit les formules $(1)'$-$(4)'$ des formules (1)-(4) en changeant les formes du premier et du troisième ordre, respectivement en formes du troisième et du premier ordre;

une permutation analogue effectuée sur la formule (5) donne cette même formule résolue toutefois par rapport au deuxième terme du second membre.

Les formules que nous venons d'écrire expriment le *principe de dualité* pour les formes géométriques. De ces formules, les équations (3), (4), (3)′, (4)′, (5) sont relatives aux éléments géométriques projectifs de l'espace, puisque une propriété concernant les projections et les intersections (¹) en fournit une autre par le changement des points et plans projectifs en plans et points projectifs.

Les formules (3), (4), (3)′, (4)′, (5) et celles que l'on peut en déduire, en les résolvant par rapport à un terme de second membre, permettent d'énoncer les deux règles générales suivantes :

1er Si la somme $r + s + t$ est égale à 5 ou à 7,

$$A_r A_s . A_t = (-1)^{r+st} A_r A_t . A_s - (-1)^{s+1} A_s A_t . A_r.$$

2e Si $r + s + t = 6$, sans que cependant l'on ait $r = s = t$,

$$A_r A_s . A_t = A_r A_t . A_s - (-1)^t A_s A_t . A_r.$$

29. Produits régressifs dans un plan projectif. — Nous allons maintenant considérer les formes du premier, du deuxième et du troisième ordre dont les positions sont dans un même plan projectif donné; chaque forme du troisième ordre peut être identifiée à un nombre.

Nous poserons

$$(1) \qquad AB.PQ = APQ.B - BPQ.A,$$

(¹) Dans le cas où le produit AB est progressif, posit AB représente l'élément projectif (droit ou plan) détreminé par la condition qu'il doit contenir posit A et posit B, c'est-à-dire que posit AB est l'élément projectif qui *projette* posit A, posit B étant le centre de projection, où est l'élément projectif qui projette posit B, posit A étant le centre de projection. Si le produit AB était au contraire régressif, posit AB serait l'élément projectif (point ou droite) déterminé par la condition d'être continu en posit A et en posit B. En un mot, le produit *progressif* représente l'élément *projetant* et le produit *régressif* l'élément *projection*.

B.-F.   4

et appellerons AB.PQ le *produit régressif,* ou simplement le produit de AB par PQ, en supposant que A, B, P et Q soient des formes du premier ordre. En comparant l'identité du théorème II (n° **24**) à cette définition on peut écrire

$$(2) \qquad \mathrm{AB.PQ} = \mathrm{ABQ.P} - \mathrm{ABP.Q}.$$

a. Si l'on a $\mathrm{A'B'} = \mathrm{AB}$ et $\mathrm{P'Q'} = \mathrm{PQ}$, il résulte que

$$\mathrm{AB.P'Q'} = \mathrm{AB.PQ}, \qquad \mathrm{A'B'.PQ} = \mathrm{AB.PQ}.$$

Ainsi, le produit **AB.PQ** est une fonction des formes **AB**, **PQ**, et, si l'on pose $a = \mathrm{AB}$, $b = \mathrm{PQ}$, le produit régressif de a par b se trouve défini. Ces produits ont encore toutes les propriétés des produits algébriques, la propriété commutative exceptée; soit

$$ab = -ba, \qquad a(b+c) = ab + ac$$

et

$$x(ab) = (xa)b = a(xb),$$

si x est un nombre.

b. Par les formules (1) et (2), on déduit que $(ab)a = 0$, $(ab)b = 0$, c'est-à-dire que ab est une forme du premier ordre appartenant aux formes a et b, tandis que le point ab est le point projectif d'intersection des droites a et b dans le cas où $ab \neq 0$; on en déduit encore que deux droites projectives complanaires ont toujours, au moins, un point commun. Lorsqu'on aura $a \neq 0$ avec $b \neq 0$, ab sera nul quand $\mathrm{droit}\,a = \mathrm{droit}\,b$ et réciproquement.

c. Si u, v sont des bivecteurs, le produit progressif de u par v est toujours nul; mais, si l'on considère u, v comme des formes du deuxième ordre ayant leurs positions dans le plan à l'infini, le produit régressif de u par v est un vecteur et $\mathrm{posit}\,uv$ est un point à l'infini commun aux positions des bivecteurs u, v ([1]) droites à l'infini, dans le cas où $uv \neq 0$.

([1]) La condition de parallélisme de deux plans α et β, indiquée au 4ᵉ exemple du n° **26**, reste toujours $\alpha\omega.\beta\omega = 0$, lorsque $\alpha\omega.\beta\omega$ est un produit régressif sur le plan de l'infini (*voir* **b**).

30. Soient r, s des nombres entiers positifs inférieurs à 3 et A_r, A'_r, A_s, A'_s des formes d'ordres r, s; des produits progressifs et régressifs dans le plan résultent les propriétés générales suivantes :

1er Si $r + s \lessgtr 3$ le produit de A_r par A_s est progressif et $A_r A_s$ est une forme d'ordre $r + s$;

2e Si $r + s > 3$ (ou $r + s = 4$) le produit de A_r par A_s est régressif, et $A_r A_s$ est une forme d'ordre $r + s - 3$.

3e Si $A_r = A'_r$ avec $A_s = A'_s$, on a $A_r A_s = A'_r A'_s$;

4^e $A_r A_s = (-1)^{r+s-1} A_s A_r$;

5^e $A_r(A_s + A'_s) = A_r A_s + A_r A'_s$;

6e Si x est un nombre, $x(A_r A_s) = (x A_r) A_s = A_r(x A_s)$.

On peut écrire aussi pour les produits de trois facteurs dans le plan

(1) $AB.C = A.BC$, $(1)'$ $ab.c = a.bc$,

(2) $AB.a = Aa.B - Ba.A$, $(2)'$ $ab.A = aA.b - bA.a$,

qui donnent, sur le plan, le principe de dualité pour les formes géométriques et les éléments projectifs du plan.

§ 5. — COORDONNÉES.

31. THÉORÈME I. — *Étant données des formes du premier ordre A_1, A_2, A_3, A_4 telles que $A_1 A_2 A_3 A_4 \neq 0$, et des formes quelconques S, s, σ, respectivement des premier, deuxième et troisième ordre, les nombres $x_1, \ldots, x_4, y_1, \ldots, y_6, z_1, \ldots, z_4$ tels que*

(1) $S_1 = x_1 A_1 + x_2 A_2 + x_3 A_3 + x_4 A_4$,

(2) $s = y_1 A_1 A_2 + y_2 A_1 A_3 + y_3 A_1 A_4 + y_4 A_2 A_3 + y_5 A_3 A_4 + y_6 A_4 A_2$,

(3) $\sigma = z_1 A_2 A_3 A_4 + z_2 A_3 A_4 A_1 + z_3 A_4 A_1 A_2 + z_4 A_1 A_2 A_3$,

sont bien déterminés.

Dém. — L'identité du théorème 1 du n° **24** donne

$$A_1 A_2 A_3 A_4 . S + A_2 A_3 A_4 S . A_1 + \ldots + S A_1 A_2 A_3 . A_4 = 0;$$

il suffit de diviser par $A_1 A_2 A_3 A_4$, pour avoir la formule (1), avec

$$x_1 = - \frac{A_2 A_3 A_4 S}{A_1 A_2 A_3 A_4}, \qquad x_2 = - \frac{A_3 A_4 S A_1}{A_1 A_2 A_3 A_4}, \qquad x_3 = \ldots$$

Si maintenant s est le produit de deux formes du premier ordre S, S'

$$s = SS' = (x_1 A_1 + \ldots)(x'_1 A_1 + \ldots),$$

ce qui donne une formule analogue à la formule (2) en développant le produit du second membre : en général, s, considéré comme somme de deux produits de formes du premier ordre, est réductible à la forme (2). De même, σ, considéré comme produit de trois formes du premier ordre, est réductible à la forme (3). Il suffit, à présent, de démontrer que les nombres y, z sont déterminés d'une manière univoque. Considérons, à cet effet,

$$s = y'_1 A_1 A_2 + y'_2 A_1 A_3 + \ldots :$$

d'où

$$(y_1 - y'_1) A_1 A_2 + (y_2 - y'_2) A_1 A_3 + \ldots = 0,$$

et multiplions par $A_3 A_4$, $A_2 A_4$, $\ldots$; il vient successivement

$$y_1 = y'_1, \qquad y_2 = y'_2, \qquad \ldots$$

Les nombres x, y, z sont respectivement appelés *coordonnées des formes* S, s, σ pour les éléments de référence A_1, A_2, A_3, A_4.

Théorème II. — *Si* A_1, A_2, A_3 *sont de formes du premier ordre, telles que* $A_1 A_2 A_3 \neq 0$, *et* S, *s des formes quelconques du premier et du deuxième ordre complanaires avec* A_1, A_2, A_3, *les nombres* x_1, x_2, x_3, y_1, y_2, y_3, *tels que*

$$S = x_1 A_1 + x_2 A_2 + x_3 A_3,$$
$$\sigma = y_1 A_2 A_3 + y_2 A_3 A_1 + y_3 A_1 A_2,$$

sont bien déterminés.

De même :

Théorème III. — *Si* A_1, A_2 *sont des formes du premier ordre avec* $A_1 A_2 \neq 0$, *quelle que soit la forme* S *du premier ordre collinéaire avec* A_1 *et* A_2 *les nombres* x_1, x_2, *tels que*

$$S = x_1 A_1 + x_2 A_2,$$

sont bien déterminés ([1]).

a. Si

$$S = x_1 A_1 + \ldots + x_4 A_4, \qquad S' = x'_1 A_1 + \ldots + x'_4 A_4,$$

on aura

$$S + S' = (x_1 + x'_1) A_1 + \ldots + (x_4 + x'_4) A_4 ;$$

et pour un nombre m

$$m S = (m x_1) A_1 + \ldots + (m x_4) A_4,$$

formules qui déterminent les coordonnées des formes $S + S'$ et $m S$.

On aurait des résultats analogues pour les formes $s + s'$,

---

[1] On appelle *système linéaire* un ensemble d'éléments pour lesquels sont définis la somme ainsi que le produit par un nombre, ces opérations ayant les propriétés ordinaires (Algèbre). Nous dirons que les éléments u_1, u_2, ..., u_n d'un système linéaire sont *indépendants* quand il est impossible de déterminer des nombres m_1, m_2, ..., m_n non tous nuls, tels que

$$m_1 u_1 + m_2 u_2 + \ldots + m_n u_n = 0.$$

Un système linéaire est dit à n *dimensions*, quand il existe n éléments u_1, u_2, ..., u_n du système qui soient indépendants et $n + 1$ éléments du système sont toujours dépendants : si u est alors un élément quelconque du système, les nombres m_1, m_2, ..., m_n, tels que $u = m_1 u_1 + m_2 u_2 + \ldots + m_n u_n$ sont bien déterminés.

Les théorèmes précédents expriment donc que *les formes du premier (et troisième) ordre de l'espace sont les éléments d'un système linéaire à quatre dimensions, et que les formes du deuxième ordre de l'espace sont les éléments d'un système linéaire à six dimensions;* de même, *les formes du premier (et deuxième) ordre d'un plan projectif sont les éléments d'un système linéaire à trois dimensions,* etc.

Pour les autres systèmes linéaires de formes géométriques, *voir* C. BURALI-FORTI, *Il metodo del Grassmann nella Geometria proiettiva,* l. c.

ms', $\sigma + \sigma'$, $m\sigma$. On peut encore aisément obtenir les coordonnées du produit progressif ou régressif de deux formes.

b. Si

$$S_1 = x_{11}A_1 + x_{12}A_2 + x_{13}A_3 + x_{14}A_4,$$
$$S_2 = x_{21}A_1 + x_{22}A_2 + x_{23}A_3 + x_{24}A_4,$$
$$S_3 = x_{31}A_1 + x_{32}A_2 + x_{33}A_3 + x_{34}A_4,$$
$$S_4 = x_{41}A_1 + x_{42}A_2 + x_{43}A_3 + x_{44}A_4,$$

où A_1, ..., A_4 sont des formes du premier ou troisième ordre et les x des nombres, alors on a

$$(1) \qquad S_1 S_2 S_3 S_4 = \begin{vmatrix} x_{11} & x_{12} & x_{13} & x_{14} \\ x_{21} & x_{22} & x_{23} & x_{24} \\ x_{31} & x_{32} & x_{33} & x_{34} \\ x_{41} & x_{42} & x_{43} & x_{44} \end{vmatrix} A_1 A_2 A_3 A_4.$$

En effet, un terme du produit $S_1 S_2 S_3 S_4$ est

$$x_{11}x_{22}x_{33}x_{44} A_1 A_2 A_3 A_4,$$

et l'on peut obtenir tous les termes en permutant les seconds indices des $x_{11}\, x_{12}\, x_{13}\, x_{14}$ en donnant au terme ainsi obtenu le signe $+$ ou le signe $-$, selon que le nombre des inversions d'indices consécutifs est ou non un nombre pair; et cette loi n'est autre que la loi de formation des termes du déterminant de la formule (1) ([1]).

En voici un exemple : Soient A, B, C les sommets d'un triangle; A′, B′, C′ les points de rencontre, avec les côtés opposés, des bissectrices internes des angles A, B, C; posons $a = \operatorname{mod} BC$, $b = \operatorname{mod} CA$, $c = \operatorname{mod} AB$. Dans ces conditions, le point A′ est la position du produit régressif

$$BC\left(\frac{CA}{b} - \frac{AB}{c}\right) = \frac{ABC}{b}C + \frac{ABC}{c}B;$$

([1]) Pour la théorie des déterminants déduite des opérations de Grassmann, *voir* E. CARVALLO, *Théorie des déterminants* (*Nouv. Ann.*; 1893).

la masse de cette forme est

$$\frac{ABC}{b} + \frac{ABC}{c} = ABC\,\frac{b+c}{bc},$$

et, par conséquent,

$$A' = \frac{b}{b+c}\,B + \frac{c}{b+c}\,C \quad (^1);$$

on a, de même,

$$B' = \frac{c}{c+a}\,C + \frac{a}{c+a}\,A,$$

$$C' = \frac{a}{a+b}\,A + \frac{b}{a+b}\,B,$$

et, par conséquent,

$$A'B'C' = \begin{vmatrix} 0 & \dfrac{b}{b+c} & \dfrac{c}{b+c} \\[2mm] \dfrac{a}{c+a} & 0 & \dfrac{c}{c+a} \\[2mm] \dfrac{a}{a+b} & \dfrac{b}{a+b} & 0 \end{vmatrix} ABC = \frac{2abc}{(b+c)\,(c+a)\,(a+b)}\,ABC,$$

qui fournit l'aire du triangle $A'B'C'$ en fonction des nombres a, b, c et de l'aire du triangle ABC.

32. Prenons actuellement pour éléments de référence un point O et trois vecteurs unités non complanaires **I, J, K**; si **S** est une forme du premier ordre, on aura

$$S = mO + x\,I + y\,J + z\,K;$$

et, puisque $S\omega = m$, on voit que m est la masse de la forme **S**; on aura donc, pour un point quelconque **P**,

$$P = O + x\,I + y\,J + z\,K,$$

(^{1}) Par cette formule, on déduit que la bissectrice interne de l'angle A décompose le côté opposé en parties proportionnelles aux côtés AB, AC. Réciproquement, cette propriété donne la formule

$$A' = \frac{b}{b+c}\,B + \frac{c}{b+c}\,C.$$

et les nombres x, y, z sont les coordonnées cartésiennes du point P, en prenant pour origine le point O, et pour axes les droites OI, OJ, OK; de même, si U est un vecteur, on aura, comme nous l'avons déjà vu,

$$U = x\mathrm{I} + y\mathrm{J} + z\mathrm{K}.$$

Dans ce qui va suivre, nous conviendrons que les vecteurs I, J, K sont deux à deux perpendiculaires, et que le trivecteur IJK est positif, ce qui revient, en d'autres termes, à supposer que les vecteurs I, J, K satisfont aux conditions

$$\mathrm{I}^2 = \mathrm{J}^2 = \mathrm{K}^2 = 1,$$

$$\mathrm{J}\,|\,\mathrm{K} = 0, \qquad \mathrm{K}\,|\,\mathrm{I} = 0, \qquad \mathrm{I}\,|\,\mathrm{J} = 0,$$

$$\mathrm{I} = |\,\mathrm{JK}, \qquad \mathrm{J} = |\,\mathrm{KI}, \qquad \mathrm{K} = |\,\mathrm{IJ}.$$

Les propriétés que nous allons énoncer prouvent comment la Géométrie analytique cartésienne peut se déduire bien aisément de la théorie générale des formes ([1]).

a. Si $U = x\mathrm{I} + y\mathrm{I} + z\mathrm{K}$, on a $U^2 = x^2 + y^2 + z^2$, et le module du vecteur U est le nombre $\sqrt{x^2 + y^2 + z^2}$.

b. Si $U = x\mathrm{I} + y\mathrm{J} + z\mathrm{K}$, on a $U\,|\,\mathrm{I} = x$, et, par suite,

$$\cos(U, \mathrm{I}) = \frac{x}{\sqrt{x^2 + y^2 + z^2}}, \qquad \cos(U, \mathrm{J}) = \frac{y}{\sqrt{x^2 + y^2 + z^2}}, \qquad \dots$$

En un mot, les coordonnées du vecteur U sont proportionnelles au cosinus des angles que fait U avec I, J, K, et

$$\cos^2(U, \mathrm{I}) + \cos^2(U, \mathrm{J}) + \cos^2(U, \mathrm{K}) = 1.$$

c. Si $U = x\mathrm{I} + y\mathrm{J} + z\mathrm{K}$, $U' = x'\mathrm{I} + y'\mathrm{J} + z'\mathrm{K}$, la condition de parallélisme de U avec U' est

$$UU' = 0$$

([1]) On peut, pour les autres systèmes de coordonnées, consulter : C. Burali-Forti, *Il metodo del Grassmann nella Geometria proiettiva* (*loc. cit.*); mais il est bon d'observer que, dans le développement de la méthode de Grassmann, les coordonnées choisies n'ont aucune importance, et que les théorèmes du n° **31** ou bien du n° **24** sont seuls nécessaires.

ou

$$\begin{vmatrix} y & z \\ y' & z' \end{vmatrix} JK + \begin{vmatrix} z & x \\ z' & x' \end{vmatrix} KI + \begin{vmatrix} x & y \\ x' & y' \end{vmatrix} IJ = 0,$$

ou bien encore

$$\begin{vmatrix} y & z \\ y' & z' \end{vmatrix} = 0, \qquad \begin{vmatrix} z & x \\ z' & x' \end{vmatrix} = 0, \qquad \begin{vmatrix} x & y \\ x' & y' \end{vmatrix} = 0,$$

que nous convenons d'écrire sous la forme

$$\frac{x}{x'} = \frac{y}{y'} = \frac{z}{z'}.$$

La condition d'orthogonalité est

$$U \mid U' = 0,$$

qui s'écrit maintenant

$$xx' + yy' + zz' = 0.$$

d. Soit u un bivecteur,

$$u = x JK + y KI + z IJ \qquad \text{et} \qquad \mid u = x I + y J + z K,$$

ce qui ramène les propriétés des coordonnées d'un bivecteur
à celles d'un vecteur.

e. Si

$$P = O + x I + y J + z K \qquad \text{et} \qquad P' = O + x' I + y' J + z' K,$$

on a

$$\begin{aligned}
\operatorname{mod} PP' &= \operatorname{mod}(P - P') \\
&= \operatorname{mod}\left[(x - x') I + (y - y') J + (z - z') K \right] \\
&= \sqrt{(x - x')^2 + (y - y')^2 + (z - z')^2},
\end{aligned}$$

expression qui fournit la distance des points P et P'.

f. Les points

$$P = O + x I + y I + z K \qquad \text{et} \qquad P' = O + x' I + y' J + z' K$$

sont situés sur la droite t, parallèle au vecteur $P = p I + q J + r K$, quand les vecteurs U, P — P′ sont parallèles, c'est-à-dire lorsqu'on a

$$\frac{x - x'}{p} = \frac{y - y'}{q} = \frac{z - z'}{r},$$

qui n'est autre que l'équation de la droite t.

g. Si α est un triangle, on a

$$\alpha = a\,\mathrm{OJK} + b\,\mathrm{OKI} + c\,\mathrm{OIJ} - d\,\mathrm{IJK},$$

et le point $P = O + x\mathrm{I} + y\mathrm{J} + z\mathrm{K}$ appartient au plan α quand

$$P\alpha = -(ax + by + cz + d)\mathrm{OIJK} = 0$$

ou bien encore quand

$$ax + by + cz + d = 0,$$

qui est précisément l'équation du plan α.

Avec $\alpha\omega = a\mathrm{JK} + b\mathrm{KI} + c\mathrm{IJ}$ et $|(\alpha\omega) = a\mathrm{I} + b\mathrm{J} + c\mathrm{K}$, on voit que les nombres a, b, c sont proportionnels aux cosinus des angles que fait avec les axes la normale au plan α.

Étant

$$\operatorname{mod}\alpha = \frac{1}{2}\operatorname{mod}(\alpha\omega) = \frac{1}{2}\operatorname{mod}\Big|(\alpha\omega) = \frac{1}{2}\sqrt{a^2 + b^2 + c^2},$$

le nombre

$$\frac{3\,P\alpha}{\operatorname{mod}\alpha} = -\frac{ax + by + cz + d}{\sqrt{a^2 + b^2 + c^2}}$$

est la distance, avec un signe, du point P au plan α.

h. Si a est une forme du deuxième ordre, on a

$$a = p\,\mathrm{OI} + q\,\mathrm{OJ} + r\,\mathrm{OK} + p'\,\mathrm{JK} + q'\,\mathrm{KI} + r'\,\mathrm{IJ},$$

et son invariant est nul lorsque

$$(1) \qquad\qquad pp' + qq' + rr' = 0.$$

Les nombres p, q, r, p', q', r', liés par la relation (1), sont alors les coordonnées de la droite a, coordonnées auxquelles il est aisé de donner une signification géométrique, en observant que

$$a\omega = p\mathrm{I} + q\mathrm{J} + r\mathrm{K}, \qquad |(\mathrm{O}a)\omega = p'\mathrm{I} + q'\mathrm{J} + r'\mathrm{K}.$$

Si a, a_1 sont deux formes de deuxième ordre, telles que

$$aa = 0, \qquad a_1 a_1 = 0, \qquad a\omega . a\omega \neq 0,$$

alors (n° **26**, 5e exemple) la plus courte distance entre les points de la droite a et ceux de la droite a_1 est donnée par la formule

$$\frac{\mathrm{mod}(pp'_1 + qq'_1 + rr'_1 + p_1 p' + q_1 q' + r_1 r')}{\sqrt{\begin{vmatrix} q & r \\ q_1 & r_1 \end{vmatrix}^2 + \begin{vmatrix} r & p \\ r_1 & p_1 \end{vmatrix}^2 + \begin{vmatrix} p & q \\ p_1 & q_1 \end{vmatrix}^2}}.$$

CHAPITRE II.

FORMES VARIABLES.

§ I. — DÉRIVÉES.

33. Définitions. — Comme, en Analyse, nous indiquons par $f(t)$ une forme géométrique f, fonction d'une variable numérique t, nous supposerons toujours, sans le répéter dans chaque cas particulier, que $f(t)$ est une fonction bien définie dans l'intervalle considéré.

Soit donc $f(t)$ une forme du premier ordre, une forme du deuxième ordre à invariant nul, ou une forme du troisième ordre : avec la restriction que cette forme $f(t)$ ne s'annule pour aucune valeur de t dans l'intervalle de variation pour t, posit $f(t)$ est un point, une droite ou un plan projectif, fonction de t.

Quand il n'y aura pas d'équivoque possible, nous écrirons simplement f au lieu de $f(t)$, et posit f, au lieu de posit $f(t)$.

34. Limite d'une forme. — Soit $f(t)$ une forme géométrique et t_0 un nombre quelconque, fini ou infini ; considérons une forme fixe f_0 de même ordre que f : lorsque t tend vers la valeur t_0 nous dirons que f_0 est la limite de $f(t)$, et nous écrirons

$$\lim_{t=t_0} f(t) = f_0, \qquad \text{ou} \quad \lim_{t=t_0} f = f_0, \qquad \text{ou} \quad \lim f = f_0 ;$$

quand on a toujours, quels que soient les points P, Q, R,

$$\lim_{t=t_0} f(t)\,\text{PQR} = f_0\,\text{PQR},$$

ou
$$\lim_{t=t_0} f(t)\,\mathrm{PQ} = f_0\,\mathrm{PQ},$$

ou
$$\lim_{t=t_0} f(t)\,\mathrm{P} = f_0\,\mathrm{P},\,.$$

suivant que $f(t)$ est une forme du premier, du deuxième ou du troisième ordre. Il reste implicitement entendu que les variations de t ne doivent s'effectuer que dans un intervalle tel que la fonction f reste constamment *définie*, et la connaissance de la limite d'une forme est ainsi ramenée à celle de la limite d'un nombre variable, ce qui nous conduit à supposer connue la théorie des limites pour les fonctions numériques.

Exemple. — Dans un plan donné considérons un point fixe O, un vecteur I et les points A_1, A_2, A_3, ..., dont la suite est déterminée par la loi suivante

$$A_1 = O + I,$$
$$A_2 = A_1 + i(A_1 - O),$$
$$A_3 = A_2 + \frac{1}{2}\,i(A_2 - A_1),$$
$$A_4 = A_3 + \frac{1}{3}\,i(A_3 - A_2),$$
$$\dots\dots\dots\dots\dots\dots\dots\dots$$

On voit aisément que

$$A_1 = O + I,$$
$$A_2 = A_1 + iI,$$
$$A_3 = A_2 - \frac{1}{2!}\,I,$$
$$A_4 = A_3 - \frac{1}{3!}\,iI,$$
$$A_5 = A_4 + \frac{1}{4!}\,I,$$
$$\dots\dots\dots\dots\dots,$$

d'où

$$A_{2n} = O + \left(1 - \frac{1}{2!} + \frac{1}{4!} - \dots \pm \frac{1}{(2n-2)!}\right) I$$
$$+ \left(1 - \frac{1}{3!} + \frac{1}{5!} - \dots \mp \frac{1}{(2n-1)!}\right) iI.$$

La connaissance des développements en séries de $\sin x$ et $\cos x$ permet alors d'écrire

$$\lim_{n=\infty} A_{2n} = O + (\cos 1 + i \sin 1)I = O + c^i I,$$

ce qui prouve que le point variable A_{2n}, ou A_n (fonction du nombre entier n), a pour position limite, lorsque n croît indéfiniment, un certain point A dont la distance au point O est $\bmod I$, telle que le vecteur I fasse, avec le vecteur $A - O$, l'angle d'un radiant. Cette suite A_1, A_2, ... permet donc de construire, par approximation, l'angle d'un radiant.

35. Supposons maintenant que $A(t)$, $B(t)$ soient des formes qui, pour $t = t_0$, ont des limites bien déterminées ([1]).

a. Si A, B sont des formes du même ordre nous aurons

$$\lim(A + B) = \lim A + \lim B \quad [\text{car } (A + B)PQR = APQR + BPQR].$$

b. Si x est un nombre, fonction lui-même de la variable numérique t, et que $\lim_{t=t_0} x$ soit bien déterminée, alors

$$\lim(xA) = (\lim x)(\lim A);$$

avec la restriction que ce nombre x ne s'annule pour aucune

([1]) Suivant l'acception moderne de la notion de limite (G. Peano, *Rivista di Matematica*, vol. II), $\lim_{t=t_0} f(t)$ est un ensemble de nombres [lorsque $f(t)$ est une fonction numérique]; si cet ensemble ne contient qu'un seul élément nous disons que $\lim_{t=t_0} f(t)$ est bien déterminé; ce qui concorde avec la signification ordinaire de limite. [Pour la limite d'un ensemble variable, *voir* C. Burali-Forti, *Sul limite di una classe variabile* (*Atti Acc. Sc. Torino*, vol. XXX), *Sur quelques propriétés des ensembles d'ensembles* (*Mathem. Ann.*, B.47)]. La condition que « $A(t)$, $B(t)$ aient une limite bien déterminée » est nécessaire. La proposition **d**, par exemple, exprime que la limite d'un produit est le produit des limites : ainsi, en posant $A = tI$, $B = \left(\dfrac{1}{t} + \sin\dfrac{1}{t}\right)J$, où I, J sont, par exemple, des vecteurs, $AB = \left(1 + t\sin\dfrac{1}{t}\right)IJ$; on voit donc que $\lim_{t=0} AB = IJ$, tandis que $\lim_{t=0} A = 0$ et que $\lim_{t=0} B$ n'a aucune signification.

valeur considérée de t, même à la limite, on aura

$$\lim \frac{A}{x} = \frac{\lim A}{\lim x}.$$

c. Les coordonnées de $\lim A$ sont les limites des coordonnées de A; en effet, si, par exemple, $A = x A_1 + y A_2$ où x, y sont des nombres fonctions de t, et A_1, A_2 des formes constantes, on a

$$\lim A = \lim(x A_1) + \lim(y A_2) = (\lim x) A_1 + (\lim y) A_2.$$

d. $\lim(AB) = (\lim A)(\lim B)$.

e. Si A est un vecteur (ou un bivecteur, ou un trivecteur), alors $\lim A$ est un vecteur (ou un bivecteur, ou un trivecteur), car $A\omega = o$, et $\lim(A\omega) = (\lim A)\omega = o$, ce qui démontre le théorème.

f. Si A est vecteur d'un plan donné, alors

$$\lim(i A) = i(\lim A).$$

De même, si A est un vecteur ou un bivecteur, on a

$$\lim(\,|\,A) = \,|\,(\lim A).$$

g. Si $\operatorname{mod} A$ a été défini, on aura

$$\lim(\operatorname{mod} A) = \operatorname{mod}(\lim A).$$

36. Limite d'un élément projectif. — Soit $f(t)$ une forme géométrique, telle que dans l'intervalle de variation pour t, l'élément projectif posit $f(t)$ soit bien défini et que, pour $t = t_0$, la fonction $f(t)$ ait une limite déterminée non nulle : nous poserons

$$\lim_{t=t_0} [\operatorname{posit} f(t)] = \operatorname{posit}\left[\lim_{t=t_0} f(t)\right];$$

ce qui revient à dire que la limite de la position de f est la position de la limite de f.

Pour les formes $A(t)$, $a(t)$, $\alpha(t)$ respectivement des premier, deuxième et troisième ordres, admettant, au reste, les mêmes propriétés que $f(t)$, nous poserons

$$\lim A = A_0, \qquad \lim a = a_0, \qquad \lim \alpha = \alpha_0 ;$$

en ces hypothèses, on a les propositions suivantes :

a. Si A et A_0 ne sont pas des vecteurs, la limite de la distance entre le point A et le point A_0 est zéro. Soit, en effet, d cette distance, on a

$$d = \operatorname{mod}\left(\frac{A}{A\omega} \; \frac{A_0}{A_0\omega} \right);$$

or

$$\lim AA_0 = A_0 A_0 = 0, \qquad \lim(A\omega . A_0\omega) = (A_0\omega)^2,$$

et, par conséquent,

$$\lim d = 0.$$

b. Si un point A de la droite a a une limite déterminée [1], cette limite ne peut être qu'un point de la droite a_0, car de $Aa = 0$ résulte

$$\lim(Aa) = A_0 a_0 = 0.$$

c. Si la droite a_0 n'est pas entièrement à l'infini et que A_1, à distance finie et situé sur la droite a, ait une limite déterminée, la distance du point A à la droite a_0 tend vers zéro. Car, si d est précisément cette distance, on a

$$(\operatorname{mod} a_0)^{\frac{1}{2}} d = \operatorname{mod}(Aa_0);$$

mais

$$\lim(Aa_0) = (\lim A)a_0 = 0 \qquad\qquad (\text{prop. } \mathbf{b}),$$

et, par suite,

$$\lim d = 0.$$

d. Si un point ou une droite du plan α a une limite déterminée, cette limite est un point ou une droite du plan α_0.

e. Si plan α_0 n'est pas le plan de l'infini et que A, à dis-

---

[1] *Voir* la note à la page 62, pour les conditions restrictives que nous imposons aux propositions a, b, ...

tance finie dans le plan α, ait une limite déterminée; la distance du point A au plan α_0 a pour limite zéro.

37. Dérivées. — Soit $f(t)$ une forme géométrique; si, pour $h = o$, la fonction

$$\frac{f(t+h) - f(t)}{h}$$

a une limite déterminée, nous poserons

$$\frac{df(t)}{dt} = \lim_{h=0} \frac{f(t+h) - f(t)}{h},$$

pour appeler, suivant le langage de l'Analyse, $\dfrac{df(t)}{dt}$ la dérivée de la forme $f(t)$.

Nous indiquerons encore l'expression $\dfrac{df(t)}{dt}$ $\left(\text{ou } \dfrac{df}{dt}\right)$, avec les notations $\dfrac{d}{dt} f(t)$, $f'(t)$.

En écrivant

$$df(t) = f'(t)\, dt$$

au lieu de

$$\frac{df(t)}{dt} = f'(t),$$

on peut dire également que $df(t)$ est le différentiel de $f(t)$; ainsi le différentiel de $f(t)$ est le produit de la dérivée de $f(t)$ par le nombre infinitésimal dt.

La dérivée de la dérivée est encore appelée *dérivée seconde*, la dérivée de la dérivée seconde s'appellera *dérivée troisième* et ainsi de suite; on pose

$$\frac{d^2 f}{dt^2} = \frac{d^2}{dt^2}\, f = f'' = \frac{df'}{dt},$$
$$\dots\dots\dots\dots\dots\dots\dots\dots\dots,$$
$$\frac{d^n f}{dt^n} = \frac{d^n}{dt^n}\, f = f^{(n)} = \frac{df^{(n-1)}}{dt}.$$

Supposons maintenant que $A(t)$, $B(t)$ soient des formes

géométriques ayant des dérivées pour toute valeur de t considérée.

a ([1]). Si A, B sont des formes de même ordre, on a

$$d(A + B) = dA + dB \qquad \text{ou} \qquad (A + B)' = A' + B'.$$

b. Si x est un nombre réel fonction de t, on a

$$d(xA) = (dx)A + x(dA),$$

et, pour un nombre constant m,

$$d(mA) = m(dA).$$

c. $d(AB) = (dA)B + A(dB)$, mais il n'est, en général, pas permis de changer l'ordre des facteurs; plus généralement pour n entier, différent de zéro, on peut écrire

$$(AB)^{(n)} = A^{(n)}B + nA^{(n-1)}B' + \frac{n(n-1)}{2!}A^{(n-2)}B'' + \dots$$
$$+ \frac{n(n-1)}{2!}A''B^{(n-2)} + nA'B^{(n-1)} + AB^{(n)}.$$

d. La dérivée d'une forme constante est nulle; réciproquement, $A(t)$ est constante dans un intervalle, quand sa dérivée est nulle pour toute valeur de t comprise dans l'intervalle considéré.

e. La dérivée d'un point est un vecteur; car, si A est un point, on a $A\omega = 1$, d'où $A'\omega = 0$, c'est-à-dire que A' est un vecteur.

f. La dérivée d'un vecteur est un vecteur, et, par conséquent, la dérivée d'un bivecteur ou d'un trivecteur est un bivecteur ou un trivecteur (*voir* prop. **c**).

Soient A un vecteur d'un plan donné et φ un nombre réel, fonction de t :

$$d(e^{i\varphi}A) = e^{i\varphi}dA + ie^{i\varphi}A\,d\varphi;$$

([1]) Les règles de dérivation, que nous donnons aux propositions **a-d**, sont analogues à celles du Calcul différentiel.

en particulier,

$$d(i\mathrm{A}) = i(d\mathrm{A}).$$

Dans le cas où A est un vecteur constant, on a

$$d(e^{i\varphi}\mathrm{A}) = i e^{i\varphi}\mathrm{A}\,d\varphi,$$

et $d(e^{i\varphi}\mathrm{A})$ est un vecteur perpendiculaire au vecteur $e^{i\varphi}\mathrm{A}$.

De même, si A est un vecteur ou un bivecteur, on aura

$$d(\,|\,\mathrm{A}) = |\,(d\mathrm{A}).$$

g. Si A est un vecteur à module constant non nul, la dérivée de A est un vecteur nul ou perpendiculaire au vecteur A, puisque

$$\mathrm{A}\,|\,\mathrm{A} = \mathrm{const.},$$

d'où

$$\mathrm{A}\,|\,\mathrm{A}' + \mathrm{A}'\,|\,\mathrm{A} = 2\,\mathrm{A}\,|\,\mathrm{A}' = 0.$$

h. Si A est un vecteur qui ne s'annule jamais dans l'intervalle de la variation de t, la condition nécessaire et suffisante pour que la direction de A soit constante, est précisément $\mathrm{A}(d\mathrm{A}) = 0$ ou, plus simplement, $\mathrm{A}\mathrm{A}' = 0$ pour toutes les valeurs de t. En effet, si l'on pose $\mathrm{B} = \dfrac{\mathrm{A}}{\operatorname{mod}\mathrm{A}}$, on a également

$$\mathrm{A} = (\operatorname{mod}\mathrm{A})\,\mathrm{B},$$

d'où

$$\mathrm{A}' = (\operatorname{mod}\mathrm{A})'\,\mathrm{B} + (\operatorname{mod}\mathrm{A})\,\mathrm{B}'$$

et

$$\mathrm{A}\mathrm{A}' = (\operatorname{mod}\mathrm{A})^2\,\mathrm{B}\mathrm{B}'.$$

Or, $\operatorname{mod}\mathrm{A} \neq 0$ par hypothèse, et la condition nécessaire et suffisante pour que $\mathrm{A}\mathrm{A}' = 0$ est bien $\mathrm{B}\mathrm{B}' = 0$; mais, puisque B est un vecteur unité, la condition $\mathrm{B}\mathrm{B}' = 0$ (prop. **g**) équivaut à $\mathrm{B}' = 0$ ou $\mathrm{B} = \mathrm{const.}$, c'est-à-dire à $\operatorname{posit}\mathrm{A} = \mathrm{const.}$

Dans la même hypothèse que précédemment, la condition nécessaire et suffisante pour que le vecteur A soit parallèle à un plan fixe est $\mathrm{A}\mathrm{A}'\mathrm{A}'' = 0$ pour toutes les valeurs de t.

Si A était un bivecteur non nul, $\mathrm{A}\mathrm{A}' = 0$ (produit régressif) serait la condition nécessaire et suffisante pour que A soit parallèle à un plan fixe, tandis que $\mathrm{A}\mathrm{A}'\mathrm{A}'' = 0$ serait la condition nécessaire et suffisante pour que A soit parallèle à une droite fixe.

k. Si A est un vecteur non nul

$$(\operatorname{mod} A)' = \frac{A}{\operatorname{mod} A} \Big| A';$$

en effet,

$$(\operatorname{mod} A)^2 = A \mid A,$$

et, par suite,

$$(\operatorname{mod} A)(\operatorname{mod} A)' = A \mid A',$$

et sur un plan

$$(\operatorname{mod} A)' = \frac{A}{\operatorname{mod} A}\, iA',$$

ce qui démontre la proposition énoncée, puisque $\operatorname{mod} A \neq 0$.

Exemples. — 1er Soit $A(t)$ un point tel que $A'(t) \neq 0$, pour toutes les valeurs de t; nous démontrerons (§ **2**) que la droite AA' est précisément la tangente au point A à la courbe décrite par ce point.

Si donc, dans un plan donné, un point P décrit un cercle dont le centre est en O, $(P - O)\, i\, (P - O) = \text{const.}$: on peut d'autre part, considérer P comme une fonction d'une variable numérique t, en sorte que

$$(P - O)\, iP' + P'\, i(P - O) = 2(P - O)\, iP' = 0,$$

expression qui prouve que la tangente est normale au rayon au point de contact. On trouve encore le même résultat en posant $P = O + re^{i\varphi}I$.

2e Le point $P = O + r\varphi I + riI - re^{-i\varphi}iI$ (*voir* n° **17**) décrit une cycloïde; nous avons alors

$$\frac{dP}{d\varphi} = P' = rI - re^{-i\varphi}I$$

ou

$$iP' = riI - re^{-i\varphi}iI = M - P.$$

Donc la normale en un point P d'une cycloïde est la droite qui joint le point P au point de contact de la circonférence mobile avec la droite fixe.

3ᵉ Soient, dans un plan, un point fixe O (*fig.* 3) et un point $P(t)$; représentons par $Q(t)$ le pied de la perpendicu-

Fig. 3.

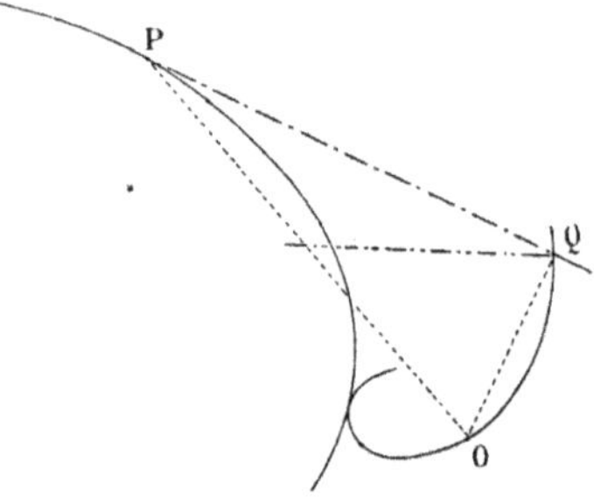

laire menée de O à la droite PP'; le point Q décrit une podaire du lieu de P : cela étant, on a

$$(Q - P)i(Q - O) = o \qquad \text{ou} \qquad (Q' - P')i(Q - O) + (Q - P)iQ' = o;$$

mais

$$P'i(Q - O) = o,$$

par suite,

$$Q'i(Q - O) + (Q - P)iQ' = o \qquad \text{ou} \qquad \left(Q - \frac{P + O}{2}\right)iQ' = o,$$

ce qui démontre que la normale, au point Q de la courbe décrite par Q, passe par le milieu du segment OP.

Fig. 4.

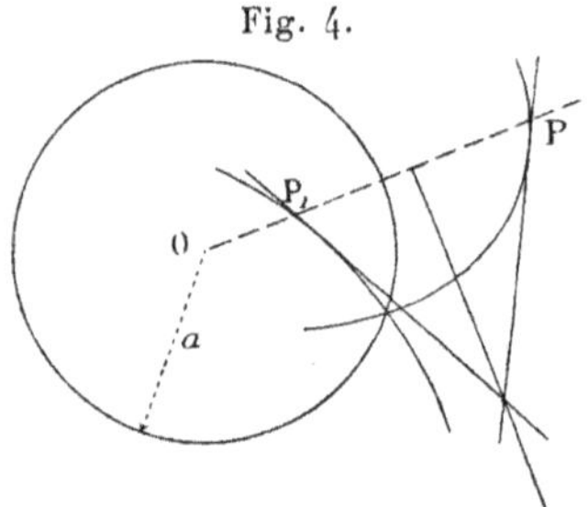

4ᵉ Avec les mêmes points, O fixe et $P(t)$ (*fig.* 4), considérons le point $P_1(t) = O + \dfrac{a^2}{(P-O)^2}(P-O)$, dans l'expression duquel a figure un nombre réel positif : P_1 engendre alors la courbe inverse de celle décrite par P, dans la transformation par rayons vecteurs réciproques dont le cercle d'inversion a pour centre O et pour rayon a. On a

$$(P-O)(P_1-O) = 0, \qquad (P-O)\,i(P_1-O) = a^2,$$

ou, en dérivant,

$$P'(P_1-O) = P_1'(P-O), \qquad P'\,i(P_1-O) = -P_1'\,i(P-O);$$

et, divisant ces deux égalités membre à membre, il vient

$$\operatorname{tang}(P', P-O) = -\operatorname{tang}(P_1', P-O),$$

ce qui prouve que les tangentes aux points P et P_1 et la perpendiculaire à la droite OP, menée par le milieu de PP_1, concourent en un même point.

5e Soient, dans un plan, $P(t)$ et $Q(t)$ deux points tels que, pour chaque valeur de t, la droite PQ soit parallèle à une droite fixe; m et n deux nombres réels tels que $m + n \neq 0$; en posant

$$R = \frac{mP + nQ}{m+n},$$

on aura

$$(m+n)^2 RR' = m^2 PP' + n^2 QQ' + mn\,PQ' + mn\,QP'.$$

D'ailleurs, si le vecteur $P-Q$ a une direction constante, on peut écrire

$$(P-Q)(P'-Q') = 0, \qquad \text{d'où} \qquad PP' + QQ' = PQ' + QP',$$

et, par suite,

$$(m+n)^2 RR' = m(m+n)\,PP' + n(m+n)\,QQ',$$

ou enfin

$$RR' = \frac{m\,PP' + n\,QQ'}{m+n}.$$

Ainsi : *les tangentes aux points* P, Q, R *à leurs courbes respectives passent en un même point.*

6° Si $P(t)$ est un point et que la variable t figure le temps, P' et P'' seront respectivement la vitesse et l'accélération du point P représentées en grandeur, direction et sens; si m est la masse (constante) du point P supposé libre, $m\,P''$ figure la force en grandeur, direction et sens, tandis que le produit interne $m\,P'' \mid dP$ fournit le travail élémentaire de la force; d'autre part, le produit interne $P' \mid P' = (P')^2$ est le carré de la vitesse, et $\frac{1}{2}m(P')^2$ sera la force vive. Or, nous avons $d\left[\frac{1}{2}m(P')^2\right] = m\,P'' \mid dP$, et cette formule exprime que *l'accroissement de la force vive est égal au travail élémentaire.*

Dans le cas d'une force centrale, l'accélération P'' passe par un point fixe O, c'est-à-dire que $OPP'' = o$; cependant $(OPP')' = OPP''$ d'où $OPP' = \text{const.}$, ce qui montre que le mouvement, sous l'action d'une force centrale, est toujours un mouvement plan. Si nous posons $\alpha = (P - O, P')$, $v = \operatorname{mod} P'$ et si d est la distance du point O à la droite PP', nous avons alors

$$d = [\operatorname{mod}(P - O)] \sin\alpha, \qquad OPP' = \frac{1}{2}[v\operatorname{mod}(P - O)]\sin\alpha,$$

d'où

$$vd = 2\,OPP' = \text{const.},$$

ce qui démontre la propriété bien connue : *dans le mouvement résultant de l'action d'une force centrale, le produit de la grandeur de la vitesse par la distance du centre à la tangente au point variable est constant.*

7° Soient F_1, F_2 les foyers d'une ellipse ou d'une hyperbole, et P un point de la courbe :

$$\operatorname{mod}(P - F_1) \pm \operatorname{mod}(P - F_2) = \text{const.};$$

on peut considérer P comme fonction d'une variable numérique t, et, en prenant la dérivée (prop. **k**), on a

$$\left[\frac{P - F_1}{\operatorname{mod}(P - F_1)} \pm \frac{P - F_2}{\operatorname{mod}(P - F_2)}\right]i\,P' = o,$$

qui exprime que la tangente en P est l'une des bissectrices des angles formés par les deux droites PF_1, PF_2.

Pour un ovale de Cassini, nous aurions

$$\operatorname{mod}(P - F_1)\operatorname{mod}(P - F_2) = \text{const.},$$

d'où

$$\left[\operatorname{mod}(P - F_2)\frac{P - F_1}{\operatorname{mod}(P - F_1)} + \operatorname{mod}(P - F_1)\frac{P - F_2}{\operatorname{mod}(P - F_2)}\right] dP = o,$$

qui fournit une construction très simple de la normale en P.

Le lecteur n'aura aucune difficulté à résoudre une foule de questions par la méthode que nous venons d'exposer.

38. Formes moyennes. — Si u est un ensemble de nombres réels, nous disons que le nombre x est moyen parmi les nombres de u quand x sera égal au plus petit de la limite supérieure des u et égal au plus grand de la limite inférieure des u.

Soient U un ensemble de formes du premier ordre et α une forme du troisième ordre; par la notation $U\alpha$ nous désignerons l'ensemble des nombres qui sont le produit de chaque forme de U par la forme α; convenons également de dire que la forme du premier ordre X est moyenne parmi les formes de l'ensemble U, lorsque, quelle que soit la forme α, le nombre $X\alpha$ est moyen parmi les nombres de l'ensemble $U\alpha$. Nous définirons d'une manière toute semblable les formes des deuxième et troisième ordre, moyens parmi les formes du deuxième ou troisième ordre d'un ensemble donné.

a. Si A_1, A_2, ..., A_n sont des formes de même ordre et m_1, m_2, ..., m_n des nombres positifs, la forme

$$\frac{m_1 A_1 + m_2 A_2 + \ldots + m_n A_n}{m_1 + m_2 + \ldots + m_n}$$

est moyenne parmi les formes A_1, A_2, ..., A_n. En effet, supposons que x_1, x_2, ..., x_n soient des nombres tels que

$$x_1 \leqq x_2 \leqq \ldots \leqq x_n,$$

alors on aurait

$$(m_1 + m_2 + \ldots + m_n)\, x_n \gtreqless m_1 x_1 + m_2 x_2 + \ldots$$
$$+ m_n x_n \gtreqless (m_1 + m_2 + \ldots + m_n)\, x_1\,;$$

par suite, le nombre $\dfrac{m_1 x_1 + m_2 x_2 + \ldots + m_n x_n}{m_1 + m_2 + \ldots + m_n}$ serait bien moyen parmi les nombres $x_1,\ x_2,\ \ldots,\ x_n$.

b. Si I et J sont des vecteurs et que K soit une forme du premier ordre moyen parmi les vecteurs I, J, alors K est un vecteur, et les vecteurs I, J, K sont complanaires (ou IJK$=$o). Nous savons, en effet, que $K\omega$ est moyen parmi $I\omega$ et $J\omega$, et, puisque $I\omega = J\omega = $ o, on aura $K\omega = $ o, c'est-à-dire que K est un vecteur; d'ailleurs, si α est un triangle, le nombre $K\alpha$ est moyen parmi les nombres $I\alpha$ et $J\alpha$; et si $I\alpha = J\alpha = $ o, soit que I, J sont parallèles au plan α, $K\alpha = $ o et K est aussi parallèle au plan α.

c. Si $A_1,\ \ldots,\ A_n$ sont des points, une forme moyenne parmi $A_1,\ \ldots,\ A_n$ a pour position un point qui appartient au plus petit champ convexe renfermant les points $A_1,\ \ldots,\ A_n$.

39. Formule de Taylor. — THÉORÈME I. — *Si $f(t)$ est une forme géométrique qui, pour une valeur de t, ait les dérivées jusqu'à la $n^{ième}$, on aura pour cette valeur de t*

$$(1)\quad \left\{ \begin{aligned} f(t+h) &= f(t) + hf'(t) + \frac{h^2}{2!}f''(t) + \ldots \\ &\quad + \frac{h^{n-1}}{(n-1)!}f^{(n-1)}(t) + \frac{h^n}{n!}[f^{(n)}(t) + F]. \end{aligned} \right.$$

où F est une forme de même ordre que f, fonction de h (et de la valeur considérée de t), satisfaisant en outre à $\lim\limits_{h=0} F = $ o.

Dém. — Soient, par exemple, une forme du premier ordre $f(t)$ et une forme du troisième ordre α; posons

$$\varphi(t) = f(t)\,\alpha\,;$$

$\varphi(t)$ est une fonction numérique de t ayant les dérivées jusqu'à la $n^{\text{ième}}$ [car $\varphi^{(n)}(t) = f^{(n)}(t)\,\alpha$]; pour cette fonction la formule de Taylor [1] donne

$$(2) \qquad \varphi(t+h) = \varphi(t) + h\varphi'(t) + \ldots + \frac{h^n}{n!}\left[\varphi^{(n)}(t) + F_1\right],$$

où F_1 est un nombre fonction de h tel que $\lim\limits_{h=0} F_1 = 0$. Remplaçons dans la formule (2) $\varphi(t)$ par $f(t)\alpha$ et posons $F_1 = F\alpha$, il vient la formule (1) où F satisfait bien à $\lim\limits_{h=0} F = 0$.

Théorème II. — *Si $f(t)$ est une forme géométrique ayant n dérivées successives dans l'intervalle de t à $t+h$, on peut écrire*

$$f(t+h) = f(t) + h f'(t) + \frac{h^2}{2!} f''(t) + \ldots + \frac{h^{n-1}}{(n-1)!} f^{(n)}(t) + \frac{h^n}{n!} F,$$

où F est une forme de même ordre que f, moyenne parmi les formes $f^{(n)}(t)$ qu'on obtient en faisant varier t de t à $t+h$.

Dém. — Soient, par exemple, une forme du premier ordre $f(t)$ et une forme du troisième ordre α; posons encore

$$\varphi(t) = f(t)\alpha.$$

Alors $\varphi(t)$ est une fonction numérique de t qui, dans l'intervalle de t à $t+h$, a les dérivées jusqu'à la $n^{\text{ième}}$, et la formule de Taylor, avec le reste de Lagrange, donne

$$\varphi(t+h) = \varphi(t) + h\varphi'(t) + \ldots + \frac{h^{n-1}}{(n-1)!} \varphi^{(n-1)} t + \frac{h^n}{n!} \Phi,$$

où Φ est un nombre moyen parmi les valeurs de $\varphi^{(n)}(t)$ ou de $f^{(n)}(t)\alpha$. En conséquence, le nombre $F\alpha$ est moyen parmi les nombres $f^{(n)}(t)\alpha$, quelle que soit la forme du troisième ordre α, c'est-à-dire que F est une forme moyenne parmi les formes $f^{(n)}(t)$.

---

[1] Voir *Lezioni di Analisi infinitesimale del Prof.* G. Peano, Torino, 1893, e *Calcolo geometrico*, l. c.

40. Formes continues. — Soit $f(t)$ une forme géométrique ; nous disons que $f(t)$ est continue dans l'intervalle de variation pour t lorsque, quel que soit le nombre t_0 de cet intervalle, on a

$$\lim_{t=t_0} f(t) = f(t_0) \qquad \text{ou} \qquad \lim_{h=0} f(t_0 + h) = f(t_0).$$

Soient, par exemple, t_1, t_2 deux valeurs de t dans l'intervalle considéré, et $\varphi(t_1, t_2)$ une forme ou un nombre fonction de t_1 et de t_2 ; si nous faisons tendre t_1 et t_2 vers une même valeur t de l'intervalle, et cela d'une manière quelconque, sans imaginer, par exemple, que l'on ait $t_1 = t_2$ et que la fonction $\dfrac{\varphi(t_1, t_2)}{t_2 - t_1}$ ait une limite déterminée, nous indiquons cette limite par la notation

$$\lim_{t_1=t,\, t_2=t} \frac{\varphi(t_1, t_2)}{t_2 - t_1}$$

ou, plus simplement,

$$\lim \frac{\varphi(t_1, t_2)}{t_2 - t_1}.$$

Nous définirions d'une manière entièrement analogue

$$\lim \frac{\varphi(t_1, t_2, t_3)}{(t_2 - t_1)(t_3 - t_1)(t_3 - t_2)} \dots$$

THÉORÈME I. — *Si $f(t)$ est une forme à dérivée bien déterminée dans l'intervalle de variation pour t, $f(t)$ est une fonction continue.*

Dém. — Le théorème de Taylor nous apprend que

$$f(t + h) = f(t) + h[f'(t) + \mathrm{F}],$$

où F est une forme telle que $\lim\limits_{h=0} \mathrm{F} = 0$. Par conséquent

$$\lim_{h=0} f(t + h) = f(t),$$

ce qui démontre le théorème.

THÉORÈME II. — *Si $f(t)$ est une forme géométrique telle que la forme dérivée $f'(t)$ soit une fonction continue dans* *l'intervalle de variation pour t, on a*

$$\lim \frac{f(t_2) - f(t_1)}{t_2 - t_1} = f'(t).$$

Dém. — Si, dans la formule de Taylor (théorème II), nous posons $n = 1$, $t = t_2$, $h = t_2 - t_1$, il vient

$$f(t_2) = f(t_1) + (t_2 - t_1)\mathrm{F}$$

ou

$$\frac{f(t_2) - f(t_1)}{t_2 - t_1} = \mathrm{F}.$$

Mais f' est supposée fonction continue, c'est-à-dire que

$$\lim \mathrm{F} = f'(t),$$

car F est forme moyenne parmi les valeurs de $f'(t)$.

Théorème III. — *Si $f(t)$ est une forme du premier ordre, ou du deuxième ordre à invariant nul, ou du troisième ordre, et si, dans l'intervalle de variation de t, $f'(t)$ est une fonction continue, on a*

$$\lim \frac{f(t_1)\, f(t_2)}{t_2 - t_1} = f(t)f'(t).$$

Dém. — Nous savons que

$$\frac{f(t_1)\, f(t_2)}{t_2 - t_1} = f(t_1)\, \frac{f(t_2) - f(t_1)}{t_2 - t_1};$$

mais

$$\lim f(t_1) = f(t), \qquad \lim \frac{f(t_2) - f(t_1)}{t_2 - t_1} = f'(t),$$

ce qu'il fallait démontrer.

Théorème IV. — *Si $f(t)$ est une forme du premier ou troisième ordre, que f' et f'' soient des formes déterminées et $f''(t)$ elle-même continue, pour les valeurs de t considérées, on aura*

$$\lim \frac{f(t_1)f(t_2)f(t_3)}{(t_2 - t_1)(t_3 - t_1)(t_3 - t_2)} = f(t)f'(t)f''(t).$$

Dém. — Soient t_1, t_2, t_3 des valeurs de t telles que

$$t_3 > t_1 > t_2.$$

Posons

$$f_1 = f(t_1), \qquad f_2 = f(t_2), \qquad f_3 = f(t_3).$$

La formule de Taylor nous donne

$$(1) \quad \begin{cases} f_2 = f_1 + (t_2 - t_1)f'_1 + \dfrac{(t_2 - t_1)^2}{2} f''_{1,2}, \\[2mm] f_3 = f_1 + (t_3 - t_1)f'_1 + \dfrac{(t_3 - t_1)^2}{2} f''_{1,3}, \end{cases}$$

où $f''_{1,2}$, $f''_{1,3}$ sont de formes moyennes entre les formes $f''(t)$ lorsque t varie de t_1 à t_2 ou de t_1 à t_3. De plus, lorsque f est une forme du premier ou du troisième ordre, nous savons que $f_1 f_2 f_3 = f_1(f_2 - f_1)(f_3 - f_1)$ et, par suite, que

$$\frac{f_1 f_2 f_3}{(t_2 - t_1)(t_3 - t_1)} = f_1 \frac{f_2 - f_1}{t_2 - t_1} \frac{f_3 - f_1}{t_3 - t_1}$$

$$= f_1 \frac{f_2 - f_1}{t_2 - t_1} \left(\frac{f_3 - f_1}{t_3 - t_1} - \frac{f_2 - f_1}{t_2 - t_1} \right).$$

Comparée aux formules (1), cette dernière devient

$$(2) \quad \begin{cases} \dfrac{f_1 f_2 f_3}{(t_2 - t_1)(t_3 - t_1)(t_3 - t_2)} \\[3mm] = \dfrac{1}{2} f_1 \dfrac{f_2 - f_1}{t_2 - t_1} \dfrac{(t_3 - t_1)f''_{1,3} + (t_1 - t_2)f''_{1,2}}{t_3 - t_2}. \end{cases}$$

D'ailleurs $t_3 > t_1 > t_2$, et le dernier facteur du second membre de l'équation (2), est une forme moyenne entre $f''_{1,2}$ et $f''_{1,3}$. A la limite, en vertu du théorème III et de l'hypothèse de continuité pour la forme $f''(t)$, on a bien le théorème IV.

§ 2. — LIGNES ET ENVELOPPES.

41. Lignes et enveloppes de droites sur un plan projectif. — Supposons $P(t)$, $p(t)$, formes non nulles d'un plan projectif, respectivement du premier ordre et du deuxième ordre, définies ainsi que leurs dérivées d'ordre quelconque dans l'intervalle de variation de t. Si m est un nombre entier non nul, $P^{(m)}(t)$, $p^{(m)}(t)$ sont des formes du plan fixe. En effet, soit α une forme fixe et non nulle du troisième ordre tel que $P(t)\alpha = 0$, $p(t)\alpha = 0$ pour chaque valeur de t; par suite, $P^{(m)}(t)\alpha = 0$ et $p^{(m)}(t)\alpha = 0$, ce qu'il fallait démontrer.

On appelle *ligne* P l'ensemble des points projectifs, positions des formes $P(t)$, lorsque t varie dans l'intervalle donné.

On appelle *enveloppe* **p** l'ensemble des droites projectives, positions des formes $p(t)$, lorsque t varie dans l'intervalle donné.

Ces ensembles sont des éléments projectifs qui peuvent être considérés comme indépendants du nombre t, et de l'intervalle dans lequel il peut varier.

Si R, R_1 sont des points de la ligne P et que la droite RR_1 ait pour limite — lorsque R_1 varie sur la ligne P pour tendre vers le point R — une droite bien déterminée r, la droite r est appelée *tangente à la ligne* P *au point* R.

Si r, r_1 sont des droites de l'enveloppe p et que le point rr_1 ait pour limite — lorsque r_1 varie sur l'enveloppe p pour tendre vers la droite r — un point bien déterminé R, le point R est dit *caractéristique de l'enveloppe p sur la droite r*.

La normale à la ligne P au point R est la perpendiculaire à la tangente au point R (si elle existe), élevée dans le plan de la courbe.

Si pour chaque valeur de t le point $P(t)$ est situé sur une droite fixe r, et que la ligne P ne se réduise pas à un seul point, la droite r est la tangente à la ligne P en tout point de cette ligne

Si pour chaque valeur de t la droite $p(t)$ passe par un point fixe R, et que l'enveloppe p ne se réduise pas à une seule droite, le point R est la caractéristique de l'enveloppe p sur toute droite de cette enveloppe.

THÉORÈME I. — *Si, pour une valeur donnée de t, m est le plus petit des nombres entiers non nuls x tels que :*

$PP^{(x)} \neq 0$, la tangente à la ligne P au point P est la droite $PP^{(m)}$.

$pp^{(x)} \neq 0$, la caractéristique de l'enveloppe p sur la droite p est le point $pp^{(m)}$.

Dém. (pour l'énoncé de gauche). — En posant

$$P_1 = P(t + h),$$

la formule de Taylor donne

$$P_1 = P + h\,P' + \frac{h^2}{2!}\,P'' + \ldots + \frac{h^{m-1}}{(m-1)!}\,P^{(m-1)} + \frac{h^m}{m!}\,(P^{(m)} + Q),$$

où Q est une forme du premier ordre telle que $\lim\limits_{h=0} Q = o$; d'ailleurs, par hypothèse, $PP^{(x)} = o$, pour $x = 1, 2, \ldots, m-1$, et par suite

$$\cdot\ \ PP_1 = \frac{h^m}{m!}\,(PP^{(m)} + PQ);$$

mais

$$\lim_{h=0} \text{posit } PP_1 = \lim_{h=0} \text{posit }(PP^{(m)} + PQ)$$

$$= \text{posit} \lim_{h=0}(PP^{(m)} + PQ) = \text{posit } PP^{(m)},$$

ce qui démontre le théorème.

Le principe de dualité sur le plan fournira le théorème de droite.

Si $PP' \neq o$, la tangente à la ligne P au point P est la droite PP'.	Si $pp' \neq o$, la caractéristique de l'enveloppe p sur la droite p est le point pp'.

THÉORÈME II.

Si pour chaque valeur de t, $PP'P'' \neq o$, la ligne P est le lieu des caractéristiques de l'enveloppe dont les droites sont tangentes à la ligne P.	Si pour chaque valeur de t, $pp'p'' \neq o$, l'enveloppe p est l'ensemble des tangentes à la ligne dont les points sont les caractéristiques de l'enveloppe p.

Dém. (à gauche). — A cet effet, posons $a = PP'$; a est alors une fonction non nulle de t et l'enveloppe a admet pour droites les tangentes à la ligne P ; nous avons

$$a' = P'P' + PP'' = PP''$$

et, par le produit régressif aa', on voit que

$$aa' = PP'.PP'' = PPP''.P' - P'PP''.P = PP'P''.P.$$

On peut exprimer autrement le théorème II de gauche en disant que : *Si* R *est un point de la ligne* P *et si* r *est la tangente à cette ligne au point* R, *le point* R *est la position limite du point de rencontre de la droite* r *avec la tangente à la ligne* P *en un autre point* R_1 *lorsque le point* R_1 *tend à se déplacer sur la ligne* P *pour venir coïncider avec le point* R. On peut donner une interprétation analogue au théorème de droite.

Théorème III.

Si $P(t)$ est une forme non nulle du premier ordre d'un plan fixe, et $P'(t)$ une forme continue telle que, pour une valeur t_0 de t, on ait $P(t_0)P'(t_0) \neq 0$, la tangente à la ligne P au point $P(t_0)$ est la position limite de la droite $P(t_1)P(t_2)$, lorsque t_1 et t_2 tendent vers la valeur t_0.

Si $p(t)$ est une forme non nulle du deuxième ordre d'un plan fixe, et $p'(t)$ une forme continue telle que, pour une valeur t_0 de t, on ait $p(t_0)p'(t_0) \neq 0$, la caractéristique de l'enveloppe p sur la droite $p(t_0)$ est la position limite du point $p(t_1)p(t_2)$ lorsque t_1 et t_2 tendent vers la valeur t_0.

Dém. (à gauche). — On a

$$\text{posit } P(t_1)P(t_2) = \text{posit } \frac{P(t_1)P(t_2)}{t_2 - t_1},$$

et, en appliquant le théorème III du n° **40,** il vient

$$\lim \text{posit } P(t_1)P(t_2) = \text{posit } P(t_0)P'(t_0),$$

ce qui démontre le théorème.

Exemples. — 1er Soit $y = f(x)$ l'équation cartésienne d'une courbe. On a

$$P = O + (x + iy)I,$$

où O est un point fixe et I un vecteur unité fixe du plan de la courbe; x étant la variable indépendante, on a

$$P' = (1 + iy')I,$$

et si y, dans l'intervalle où varie x, a une dérivée finie et déterminée, on doit avoir $P' \neq O$ et la tangente au point P est la droite PP'.

Si θ est l'angle formé par l'axe des x avec la tangente au point P, ou si $\theta = (\mathbf{J}, \mathbf{P}')$, nous avons

$$\tan\theta = \frac{\mathrm{I}\mathrm{P}'}{\mathrm{I}i\mathrm{P}'} = \frac{y'\mathrm{I}i\mathrm{I}}{\mathrm{I}i\mathrm{I}} = y',$$

qui donne la signification géométrique ordinaire du nombre y'.

2e Si $\rho = f(\varphi)$ est l'équation de la courbe en coordonnées polaires,

$$\mathrm{P} = \mathrm{O} + \rho\, e^{i\varphi}\mathrm{I},$$

d'où

$$\mathrm{P}' = (\rho' + i\rho)\, e^{i\varphi}\mathrm{I}.$$

Si nous posons alors $\theta = (\mathrm{P} - \mathrm{O}, \mathrm{P}')$, il vient

$$\tan\theta = \frac{\rho}{\rho'},$$

qui est la formule ordinaire de la Géométrie analytique.

3e Soit $\mathrm{P}(t)$ une forme du premier ordre, et $\mathrm{P}\,\mathrm{P}^{(m)}$ la tangente au point P : la normale sera la droite $\mathrm{P}\,i(\mathrm{P}\,\mathrm{P}^{(m)}.\omega)$; si donc $\mathrm{P}(t)$ est un point, la normale au point P est la droite $\mathrm{P}\,i\,\mathrm{P}^{(m)}$, puisque $\mathrm{P}^{(m)}$ est un vecteur parallèle à la tangente au point P.

4e Soit $\mathrm{P}(t)$ un point tel que, pour une valeur donnée de t, $\mathrm{P}\,\mathrm{P}'\mathrm{P}'' \neq 0$ et soit A une forme non nulle du premier ordre appartenant au plan de la ligne P, telle, en outre, que le point A ne soit pas situé sur la tangente à la courbe au point P.

Nous dirons que la ligne P a, au point P, sa *concavité* tournée vers le point A, quand les points de la ligne P, au voisinage du point P, sont du même côté de la tangente en P que le point A. En d'autres termes, la ligne tourne, au point P, sa concavité vers le point A, si l'on peut fixer un nombre ε tel que les triangles

$$\mathrm{P}(t)\mathrm{P}'(t)\mathrm{P}(t+h), \quad \mathrm{P}(t)\mathrm{P}'(t)\mathrm{A}$$

aient le même sens, quel que soit h, toutefois inférieurs, en valeur absolue, à ε.

B.-F.

6

Dans ces conditions, on peut dire : *Au point* P *la concavité est tournée vers le point* A *quand le nombre* $\dfrac{PP'P''}{PP'A}$ *est positif.*

En effet,

$$P(t + h) = P + hP' + \frac{h^2}{2}(P'' + Q)$$

et

$$PP'P(t + h) = \frac{h^2}{2}(PP'P'' + PP'Q).$$

Et comme $\lim_{h=0} Q = o$, nous pouvons déterminer un nombre ε tel, h étant plus petit que ε en valeur absolue, que le nombre $PP'Q$ ait même signe que celui du nombre $PP'P''$; au reste, pour ces valeurs de h, le nombre $PP'P(t + h)$ a manifestement le même signe que le nombre $PP'P''$, car $\dfrac{h^2}{2}$ est toujours positif.

Relativement aux coordonnées cartésiennes on a

$$PP'P''= \frac{1}{2}y'', \qquad PP'iI = \frac{1}{2}, \qquad PP'O = \frac{1}{2}\begin{vmatrix} 1 & x & y \\ o & 1 & y' \\ 1 & o & o \end{vmatrix} = \frac{1}{2}(xy' - y),$$

et la courbe P tourne au point P sa concavité vers la direction positive de l'axe des y, ou bien encore présente sa concavité à l'origine, quand $y'' > o$ ou $(xy' - y)y'' > o$.

Une application entièrement semblable peut être faite aux coordonnées polaires, pour lesquelles on a

$$P' = \rho'e^{i\varphi}I + \rho e^{i\varphi}iI, \qquad P'' = (\rho'' - \rho)e^{i\varphi}I + 2\rho'e^{i\varphi}iI,$$

et donc

$$PP'P'' = \frac{1}{2}\begin{vmatrix} 1 & \rho & o \\ o & \rho' & \rho \\ o & \rho'' - \rho & 2\rho' \end{vmatrix} = \frac{1}{2}(2\rho'^2 - \rho\rho'' + \rho^2),$$

$$PP'O = \frac{1}{2}\begin{vmatrix} 1 & \rho & o \\ o & \rho' & \rho \\ 1 & o & o \end{vmatrix} = \frac{1}{2}\rho^2.$$

5e Soient, dans un plan, $P_1(t)$, $P_2(t)$ deux points tels que, pour chaque valeur de t,

$$P_1 P_2 \neq o, \qquad P'_1 \neq o, \qquad P'_2 \neq o$$

et

$$P_1 P_2 P'_1 \neq P_1 P_2 P'_2 ;$$

la position de la forme $p = P_1 P_2$ décrit une enveloppe dont la caractéristique est décrite par la position de la forme du premier ordre

$$pp' = P_1 P_2 (P'_1 P_2 + P_1 P'_2) = P_1 P_2 P'_2 . P_1 - P_1 P_2 P'_1 . P_2 ;$$

donc la caractéristique de l'enveloppe p sur la droite p est le barycentre des points P_1, P_2, qui ont pour masses les distances avec un signe déterminé, des points $P_2 + P'_2$, $P_1 + P'_1$ à la droite $P_1 P_2$.

Si, par exemple,

$$P_1 = O + tI, \qquad P_2 = O + \sqrt{a^2 - t^2}\, iI,$$

alors la droite $P_1 P_2$ enveloppe un *astéroïde;* les distances des points $P_1 + P'_1$ et $P_2 + P'_2$ à la droite $P_1 P_2$ sont

$$\frac{\sqrt{a^2 - t^2}}{a} \quad \text{et} \quad -\frac{t^2}{a\sqrt{a^2 - t^2}} ;$$

par suite, les masses des points P_1, P_2 sont

$$t^2 \quad \text{et} \quad a^2 - t^2,$$

et la caractéristique P de l'enveloppe $P_1 P_2$ sur la droite $P_1 P_2$ est le pied de la perpendiculaire issue du point $P_1 + P_2 - O$ à la droite $P_1 P_2$.

42. Courbes gauches et enveloppes de plans. — Soient $P(t)$, $\pi(t)$ des formes non nulles, respectivement du premier et troisième ordre, définies ainsi que leurs dérivées dans un intervalle donné.

On appelle *ligne* P l'ensemble des points projectifs, positions des formes P(t) lorsque t varie dans l'intervalle donné.

Si pour toute valeur de t les points de la ligne P sont situés sur une même droite ou sur un plan fixes, nous dirons alors que la ligne P est, respectivement, une *ligne droite* ou une *ligne plane*.

S'il est impossible de déterminer un intervalle, compris dans celui où varie t, relativement auquel la ligne P soit une ligne droite ou une ligne plane, nous dirons alors que la ligne P est une *courbe gauche*.

Si R, R$_1$ sont des points projectifs de la ligne P et que la droite qui joint R et R$_1$ ait pour limite, lorsque R$_1$ varie sur la ligne P et tend vers R, une droite bien déterminée, cette droite est dite *tangente à la ligne* P *au point* R.

On appelle *enveloppe* π l'ensemble des plans projectifs, positions des formes $\pi(t)$ lorsque t varie dans l'intervalle donné.

Si pour toute valeur de t les plans de l'enveloppe π passent par une même droite ou par un point fixes, nous dirons alors que l'enveloppe π est, respectivement, une *enveloppe axiale* ou une *enveloppe conique*.

S'il est impossible de déterminer un intervalle, compris dans celui où varie t, relativement auquel l'enveloppe π soit une enveloppe axiale ou une enveloppe conique, nous dirons alors que l'enveloppe π est une *enveloppe gauche*.

Si ρ, ρ_1 sont des plans projectifs de l'enveloppe π et que la droite commune à ρ et ρ_1 ait pour limite, lorsque ρ_1 varie sur l'enveloppe π et tend vers ρ, une droite bien déterminée, cette droite est dite *caractéristique de l'enveloppe* π *dans le plan* ρ.

Si l'enveloppe π est une enveloppe axiale et ne se réduit pas à un plan unique, la caractéristique sur ρ est la droite par laquelle passent tous les plans de l'enveloppe π; cette droite peut être appelée *axe de l'enveloppe*. Si cette enveloppe π est une enveloppe conique, la caractéristique sur ρ, si, d'ailleurs, elle existe, passe par le point commun à tous les plans de l'enveloppe π; ce point peut être appelé *sommet de l'enveloppe*.

Si R, R$_1$ sont des points projectifs de la ligne P et si la droite projective r est la tangente en R à la ligne P, tandis que le plan qui

Si ρ, ρ_1 sont des plans projectifs de l'enveloppe π et si la droite projective r est la caractéristique sur ρ de l'enveloppe π, tandis que le

passe par r et R_1 ait pour limite, lorsque R_1 en variant sur P tend vers R, un plan bien déterminé, ce plan est alors appelé *plan osculateur de la ligne* P *au point* R.

Appelons enfin *enveloppe osculatrice de la ligne* P l'enveloppe dont les plans sont osculateurs pour la ligne P.

point commun à r et ρ_1 ait pour limite, lorsque ρ_1 en variant sur l'enveloppe π tende vers ρ, un point bien déterminé, ce point est appelé *point de rebroussement de l'enveloppe* π *au plan* ρ.

Appelons *ligne de rebroussement de l'enveloppe* π la ligne dont les points sont de rebroussement pour l'enveloppe π.

Théorème I. — *Si, pour une valeur de* t, m *est le plus petit des nombres entiers non nuls* x *tels que :*

$PP^{(x)} \neq 0$, *la tangente à la ligne* P *au point* P *est la droite* $PP^{(m)}$.

$\pi\pi^{(x)} \neq 0$, *la caractéristique de l'enveloppe* π *sur le plan* π *est la droite* $\pi\pi^{(m)}$.

et ceci se démontre identiquement comme le théorème I du n° **41**. En particulier :

Si $PP' \neq 0$, la tangente à la ligne P au point P est la droite PP'.

Si $\pi\pi' \neq 0$, la caractéristique de l'enveloppe π au plan π est la droite $\pi\pi'$.

Théorème II. — *Si, pour une valeur donnée de* t, m *et* n *sont les plus petits des nombres entiers non nuls* x, y $(x < y)$, *tels que*

$PP^{(x)}P^{(y)} \neq 0$, *le plan osculateur de la ligne* P *au point* P *est alors le plan* $PP^{(m)}P^{(n)}$.

$\pi\pi^{(x)}\pi^{(y)} \neq 0$, *le point de rebroussement de l'enveloppe* π *sur le plan* π *est le point* $\pi\pi^{(m)}\pi^{(n)}$.

Dém. (à gauche). — Posons, à cet effet, $P_1 = P(t+h)$ et appliquons la formule Taylor; il vient

$$P_1 = P + hP' + \ldots + \frac{h^m}{m!}P^{(m)} + \ldots + \frac{h^{n-1}}{(n-1)!}P^{(n-1)} + \frac{h^n}{n!}(P^{(n)} + Q),$$

où Q est une forme du premier ordre, telle que $\lim_{h=0} Q = 0$; d'ailleurs on a, par hypothèse,

$$PP^{(m)}P^{(y)} = 0 \qquad \text{pour} \qquad y = m+1, \ldots, n-1;$$

donc

$$PP^{(m)}P_1 = \frac{h^n}{n!}(PP^{(m)}P^{(n)} + PP^{(m)}Q),$$

et par suite

$$\lim_{h=0} \text{posit } PP^{(m)}P_1 = \text{posit } PP^{(m)}P^{(n)}.$$

Mais la droite $PP^{(m)}$ est tangente à la ligne P au point P, et par conséquent $\lim_{h=0} \text{posit } P^{(m)}PP_1$ est le plan osculateur au point P.

Si $PP'P'' \neq o$, le plan osculateur de la ligne P au point P est le plan $PP'P''$.	Si $\pi\pi'\pi'' \neq o$, le point de rebroussement de l'enveloppe π sur le plan π est le point $\pi\pi'\pi''$.

Dans le cas où la ligne P est une ligne droite, le plan osculateur en chacun de ses points est indéterminé; car, si P décrit une ligne droite $P = xA + yB$, où A, B sont des formes constantes et x, y sont fonctions de t; mais alors $P^{(m)} = x^{(m)}A + y^{(m)}B$ et $PP^{(m)}P^{(n)}$ est toujours nul. On pourrait en dire autant pour une enveloppe axiale.

Si la ligne P est seulement une ligne plane, le plan osculateur, en chacun des points où la tangente est déterminée, est le plan même de la courbe. En effet, le plan $PP^{(m)}P_1$ a une position constante qui n'est autre que celle du plan de la courbe. Conclusions analogues pour une enveloppe conique.

THÉORÈME III.

Si, pour chaque valeur de t, on a $PP'P''P''' \neq o$:	*Si, pour chaque valeur de t, on a $\pi\pi'\pi''\pi''' \neq o$:*
a. *La ligne P est une courbe gauche.*	**a.** *L'enveloppe π est une enveloppe gauche.*
b. *Les tangentes à la courbe gauche sont les caractéristiques de l'enveloppe osculatrice de la courbe P.*	**b.** *Les caractéristiques de l'enveloppe gauche π sont les tangentes à la ligne de rebroussement de l'enveloppe.*
c. *La courbe P est la ligne de rebroussement de l'enveloppe osculatrice de la courbe P* (1).	**c.** *L'enveloppe π est l'enveloppe osculatrice de la ligne de rebroussement de l'enveloppe π.*

---

(1) Soit un point $P(t)$. Pour une valeur donnée de t, imaginons que m, n,

Dém. (à gauche). — Si la ligne P est une ligne plane, on a
$P = x\mathrm{A} + y\mathrm{B} + z\mathrm{C}$, où A, B, C sont des formes constantes et
x, y, z des fonctions de t; alors, quels que soient les nombres
m, n, p $(m < n < p)$, on doit avoir $\mathrm{P}\mathrm{P}^{(m)}\mathrm{P}^{(n)}\mathrm{P}^{(p)} = 0$; et
lorsque, pour chaque valeur de t, l'on a $\mathrm{P}\mathrm{P}'\mathrm{P}''\mathrm{P}''' \neq 0$, il en
résulte bien la partie **a** du théorème énoncé.

Posons maintenant $\alpha = \mathrm{P}\mathrm{P}'\mathrm{P}''$: étant, par hypothèse,
$\mathrm{P}\mathrm{P}'\mathrm{P}'' \neq 0$ pour chaque valeur de t, l'enveloppe α est alors
l'enveloppe osculatrice de la courbe gauche P; on a

$$\alpha' = \mathrm{P}\mathrm{P}'\mathrm{P}''', \qquad \alpha'' = \mathrm{P}\mathrm{P}''\mathrm{P}''' + \mathrm{P}\mathrm{P}'\mathrm{P}^{\mathrm{IV}},$$

---

p soient les plus petits des nombres entiers et positifs x, y, z satisfaisant à
$x < y < z$ et tels que $\mathrm{P}\mathrm{P}^{(x)}\mathrm{P}^{(y)}\mathrm{P}^{(z)} \neq 0$. La formule de Taylor, en posant
$\mathrm{P}_1 = \mathrm{P}(t+h)$, donne successivement

$$\mathrm{P}\mathrm{P}_1 = \frac{h^m}{m!}(\mathrm{P}\mathrm{P}^{(m)} + \mathrm{Q}_1),$$

$$\mathrm{P}\mathrm{P}^{(m)}\mathrm{P}_1 = \frac{h^n}{n!}(\mathrm{P}\mathrm{P}^{(m)}\mathrm{P}^{(n)} + \mathrm{Q}_2),$$

$$\mathrm{P}\mathrm{P}^{(m)}\mathrm{P}^{(n)}\mathrm{P}_1 = \frac{h^p}{p!}(\mathrm{P}\mathrm{P}^{(m)}\mathrm{P}^{(n)}\mathrm{P}^{(p)} + \mathrm{Q}_3),$$

où Q_1, Q_2, Q_3 sont des formes du premier ordre soumises à la condition
$\lim \mathrm{Q}_1 = \lim \mathrm{Q}_2 = \lim \mathrm{Q}_3 = 0$. En supposant que h soit l'infiniment petit principal, on voit que les distances du point P_1 au point P, à la tangente au point P
et au plan osculateur en ce point P, ont respectivement pour ordre infinitésimal
m, n, p; voilà une interprétation géométrique des nombres m, n, p qui donnent
l'espèce de la singularité au point P. Nous ne voulons pas ici étudier plus en
détail les points singuliers des courbes. Voici un exemple : variant φ de $-\dfrac{\pi}{2}$

à $\dfrac{\pi}{2}$, le point
$$\mathrm{P} = \mathrm{O} + \cos^2\varphi\, \mathrm{I} + \sin\varphi\cos\varphi\, \mathrm{J} + \sin\varphi\, \mathrm{K}$$

décrit une *fenêtre de Viviani,* sur la surface sphérique de centre O avec l'unité
pour rayon; on a
$$\mathrm{P}'\mathrm{P}''\mathrm{P}''' = \cos\varphi,$$

et le seul point $\mathrm{P}\left(\dfrac{\pi}{2}\right) = \mathrm{O} + \mathrm{K}$ est un point singulier de la courbe. Dans le
point $\mathrm{O} + \mathrm{K}$, la tangente est la droite $(\mathrm{O}+\mathrm{K})\mathrm{J}$ et le plan osculateur est le
plan $(\mathrm{O}+\mathrm{K})\mathrm{J}(2\mathrm{I}-\mathrm{K})$; on a une singularité, car $\mathrm{P}'\left(\dfrac{\pi}{2}\right)$ est parallèle au
vecteur $\mathrm{P}'''\left(\dfrac{\pi}{2}\right)$.

et, pour les produits régressifs $\alpha\alpha'$, $\alpha\alpha'\alpha''$,

$$\alpha\alpha' = PP'P''.PP'P''' = P''PP'P'''.PP' = PP'P''P'''.PP',$$

$$\alpha\alpha'\alpha'' = PP'P''P'''.PP'.(PP''P''' + PP'P^{IV}) = -(PP'P''P''')^2.P,$$

d'où l'on décrit les égalités

$$\text{posit } \alpha\alpha' = \text{posit } PP', \qquad \text{posit } \alpha\alpha'\alpha'' = \text{posit } P,$$

qui démontrent les parties **b**, **c** du théorème.

Théorème IV.

Si $P(t)$ *est une forme du premier ordre et* $P'(t)$ *une forme continue telle que, pour une valeur* t_0 *de* t, $P(t_0)P'(t_0) \neq 0$, *la tangente à la ligne* P *au point* $P(t_0)$ *est la position limite de la droite* $P(t_1)P(t_2)$, *lorsque* t_1, t_2 *tendent vers la valeur* t_0.	*Si* $\pi(t)$ *est une forme du troisième ordre et* $\pi'(t)$ *une forme continue telle que, pour une valeur* t_0 *de* t, $\pi(t_0)\pi'(t_0) \neq 0$, *la caractéristique de l'enveloppe* π *sur le plan* $\pi(t_0)$ *est la position limite de la droite* $\pi(t_1)\pi(t_2)$, *lorsque* t_1, t_2 *tendent vers la valeur* t_0.

Ceci se démontre comme le théorème du nᵒ **41**.

Théorème V.

Si $P(t)$ *est une forme du premier ordre déterminée ainsi que* $P'(t)$ *et* $P''(t)$, *et si* $P''(t)$ *est, en outre, fonction continue tel que, pour une valeur* t_0 *de* t, $$P(t_0)P'(t_0)P''(t_0) \neq 0,$$ *le plan osculateur à la ligne* P *au point* $P(t_0)$ *est la position limite du plan* $$P(t_1)P(t_2)P(t_3),$$ *lorsque* t_1, t_2, t_3 *tendent vers la valeur* t_0.	*Si* $\Pi(t)$ *est une forme du troisième ordre déterminée ainsi que* $\Pi'(t)$ *et* $\Pi''(t)$, *et si* $\Pi''(t)$ *est, en outre, fonction continue tel que, pour une valeur* t_0 *de* t, $$\Pi(t_0)\Pi'(t_0)\Pi''(t_0) \neq 0,$$ *le point de rebroussement de l'enveloppe* Π *dans le plan* $\Pi(t_0)$ *est la position limite du point* $$\Pi(t_1)\Pi(t_2)\Pi(t_3),$$ *lorsque* t_1, t_2, t_3 *tendent vers la valeur* t_0.

Dém. (à gauche). — On a

$$\text{posit } P(t_1)\,P(t_2)\,P(t_3) = \text{posit } \frac{P(t_1)\,P(t_2)\,P(t_3)}{(t_2 - t_1)\,(t_3 - t_1)\,(t_3 - t_2)};$$

mais

$$\lim \frac{P(t_1)\,P(t_2)\,P(t_3)}{(t_2 - t_1)\,(t_3 - t_1)\,(t_3 - t_2)} = \tfrac{1}{2}\,P(t_0)\,P'(t_0)\,P''(t_0),$$

ce qui démontre le théorème.

a. On appelle *plan normal* à la ligne P au point P le plan qui passe par le point P perpendiculairement à la tangente au point P; on appelle encore *plan rectifiant* au point P de la ligne P le plan mené par la tangente au point P perpendiculairement au plan osculateur en ce point. Si, par exemple, le plan $PP^{(m)}P^{(n)}$ est osculateur au point P, les plans $P\,|\,(PP^{(m)}.\omega)$ et $PP^{(m)}\,|\,(PP^{(m)}P^{(n)}.\omega)$ seront respectivement normal et rectifiant en ce point.

On appelle *normale principale* de la ligne P au point P la droite commune aux plans osculateurs et normal en ce point; *binormale,* l'intersection des plans normal et rectifiant. Si le plan $PP^{(m)}P^{(n)}$ est osculateur au point P, en supposant que $P(t)$ est un point, $P^{(m)}$ et $P^{(n)}$ sont des vecteurs et les plans $P\,|\,P^{(m)}$, $PP^{(m)}\,|\,P^{(m)}P^{(n)}$ sont respectivement les plans normal et rectifiant au point P : la binormale est la droite $P\,|\,P^{(m)}P^{(n)}$ est la normale principale $(P\,|\,P^{(m)}).PP^{(m)}P^{(n)}$.

b. Soient O, I, J, K les éléments de référence d'un système coordonné cartésien; si nous posons

$$P = O + x\,I + y\,J + z\,K,$$

que x, y, z soient des fonctions de t, le point P décrit une courbe. Si $PP^{(m)}P^{(n)}$ est le plan osculateur au point P, alors en posant

$$Q = O + X\,I + Y\,J + Z\,K,$$

on voit que le point Q est un point de la droite $PP^{(m)}$ quand les vecteurs $Q - P$, $P^{(m)}$ sont parallèles, et que Q est un point du plan $PP^{(m)}P^{(n)}$, lorsque les vecteurs $Q - P$, $P^{(m)}$, $P^{(n)}$ sont complanaires. Il en résulte que l'équation de la tangente au point P est

$$\frac{X - x}{x^{(m)}} = \frac{Y - y}{y^{(m)}} = \frac{Z - z}{z^{(m)}},$$

et celle du plan osculateur

$$\begin{vmatrix} X - x & Y - y & Z - z \\ x^{(m)} & y^{(m)} & z^{(m)} \\ x^{(n)} & y^{(n)} & z^{(n)} \end{vmatrix} = 0.$$

Dans le cas de coordonnées rectangulaires, le plan

$$PP^{(m)} \mid P^{(m)} P^{(n)}$$

(plan rectifiant) a pour équation

$$\begin{vmatrix} X - x & Y - y & Z - z \\ x^{(m)} & y^{(m)} & z^{(m)} \\ \begin{vmatrix} y^{(m)} & z^{(m)} \\ y^{(n)} & z^{(n)} \end{vmatrix} & \begin{vmatrix} z^{(m)} & x^{(m)} \\ z^{(n)} & x^{(u)} \end{vmatrix} & \begin{vmatrix} x^{(m)} & y^{(m)} \\ x^{(n)} & y^{(u)} \end{vmatrix} \end{vmatrix} = 0,$$

et le plan normal est enfin

$$(X - x)\,x^{(m)} + (Y - y)\,y^{(m)} + (Z - z)\,z^{(m)} = 0.$$

§ 3. — SURFACES RÉGLÉES.

43. Surfaces réglées en général. — Soit $a(t)$ une forme non nulle du deuxième ordre à invariant nul, définie, ainsi que ses dérivées d'ordre quelconque, dans un intervalle donné.

On appellera *surface réglée a* ou simplement *surface a*, l'ensemble des points projectifs situés sur la droite $a(t)$, lorsque t varie dans l'intervalle considéré : en particulier les droites $a(t)$ sont dites *génératrices* de la surface a.

Si $P(t)$, $Q(t)$ sont des formes du premier ordre, telles que $PQ \neq 0$, $Pa = Qa = 0$, pour chaque valeur de t, le point $P + uQ$ décrit la droite a, quand u varie de $-\infty$ à $+\infty$. Par suite, chaque point de la surface peut être considéré comme fonction de deux variables, ce qui justifie la dénomination employée de *surface* (*voir* Note I); nous n'avons d'ailleurs pas besoin de considérer les points de la surface a comme fonctions de deux variables, et nous pourrons développer la théorie des surfaces réglées indépendamment de la théorie générale des surfaces quelconques.

Puisque a est, par hypothèse, une forme du deuxième ordre à invariant nul, on a, pour chaque valeur de t,

$$(1) \qquad aa = 0,$$

formule qui, par dérivation, donne $aa' + a'a = 0$; mais $aa' = a'a$, donc $2aa' = 0$ ou

$$(2) \qquad aa' = 0,$$

quel que soit t.

Si, d'ailleurs, m est un nombre entier supérieur à l'unité, on a

$$(aa)^{(m)} = aa^{(m)} + \binom{m}{1} a' a^{(m-1)} + \ldots + \binom{m}{1} a^{(m-1)} a' + a^{(m)} a;$$

c'est-à-dire que

$$(3) \qquad aa^{(m)} = \sum_{r,s} h_{r,s} a^{(r)} a^{(s)},$$

où r, s sont des nombres entiers positifs tels que $r + s = m$ et $r < s$, tandis que les $h_{r,s}$ sont des nombres entiers fonctions de r et de s.

Nous ferons un fréquent usage des formules (1), (2), (3).

44. Soient, par exemple, r, r_1 des génératrices de la surface a, R un point projectif de r, et supposons que le plan qui contient R et r_1 a pour limite, lorsque r_1 varie en restant sur la surface a pour tendre vers r, un plan bien déterminé; ce plan sera dit *plan tangent* ([1]) *à la surface réglée a, au point* R.

______

([1]) Si R est un point à distance finie, la définition que nous venons de donner est une conséquence logique de celle du plan tangent à une surface en général, que nous donnerons dans la Note II.

On appelle *normale à la surface a au point* R la perpendiculaire issue de R au plan tangent en ce point.

Théorème I. — *Si en un point S d'une ligne tracée sur la surface réglée a, la tangente s à la courbe et le plan tangent σ à la surface a sont bien déterminés, la droite s est contenue sur le plan σ.*

Dém. — Soient S_1 un point de la ligne et r_1 la génératrice de la surface a qui passe en S_1, la droite qui joint S et S_1 est entièrement contenue dans le plan déterminé par S et r_1, ce qui prouve que, à la limite, s est contenu dans σ.

Théorème II. — *Si pour une valeur déterminée de t, P est une forme non nulle du premier ordre ayant pour position un point de la droite a, $(\mathrm{P}a = 0)$, et si m est le plus petit des nombres entiers non nuls x tels que $\mathrm{P}a^{(x)} \not\equiv 0$, le plan tangent au point P de la surface réglée a est précisément le plan $\mathrm{P}a^{(m)}$.*

Dém. — Posons $a_1 = a(t + h)$, et appliquons le théorème de Taylor

$$a_1 = a + ha' + \ldots + \frac{h^{m-1}}{(m-1)!} a^{(m-1)} + \frac{h^m}{m!} (a^{(m)} + q),$$

où q est une forme du deuxième ordre, telle que $\lim_{h=0} q = 0$; d'ailleurs, par hypothèse, $\mathrm{P}a^{(x)} = 0$ pour $x = 1, 2, \ldots, m-1$, donc

$$\mathrm{P}a_1 = \frac{h^m}{m!} (\mathrm{P}a^{(m)} + \mathrm{P}q).$$

Mais

$$\mathrm{posit\,} \mathrm{P}a_1 = \mathrm{posit\,} (\mathrm{P}a^{(m)} + \mathrm{P}q),$$

d'où

$$\lim_{h=0} \mathrm{posit\,} \mathrm{P}a_1 = \mathrm{posit\,} \mathrm{P}a^{(m)},$$

égalité qui démontre le théorème, puisque le plan tangent au point P n'est autre que la position limite du plan $\mathrm{P}a_1$.

Théorème III. — *En conservant les hypothèses du théorème II, on voit que le plan tangent au point P renferme la* *droite a (c'est-à-dire qu'il contient la génératrice qui passe au point* P).

Dém. — En développant le produit régressif $\mathrm{P}\,a^{(m)}.a$, on a

$$\mathrm{P}\,a^{(m)}.a = -\,\mathrm{P}\,a.a^{(m)} + a^{(m)}\,a.\mathrm{P} = aa^{(m)}.\mathrm{P},$$

mais la formule (3) du n° **43** prouve que $aa^{(m)}.\mathrm{P}$ est la somme des produits de la forme $a^{(r)}\,a^{(s)}.\mathrm{P} = a^{(r)}\,\mathrm{P}.a^{(s)} + a^{(s)}\,\mathrm{P}.a^{(r)}$; donc, étant $r < m,\ s < m$, on aura

$$\mathrm{P}\,a^{(r)} = \mathrm{P}\,a^{(s)} = 0, \qquad \text{d'où} \qquad \mathrm{P}\,a^{(m)}.a = 0,$$

ce qui démontre le théorème.

45. Pour les théorèmes que nous allons énoncer, désormais les conventions suivantes resteront toujours sous-entendues. Les formes non nulles du premier ordre P, Q, R, S ont leurs positions sur la droite $a\,(\mathrm{P}\,a = \mathrm{Q}\,a = \mathrm{R}\,a = \mathrm{S}\,a = 0)$. En disant que *le plan tangent au point* P *de la surface réglée est le plan* $\mathrm{P}\,a^{(m)}$, nous entendons qu'il *existe des nombres entiers positifs* x *tels que* $\mathrm{P}\,a^{(x)} \neq 0$, m *étant le plus petit de ces nombres.* Quand nous disons enfin que *le plan tangent au point* P *est indéterminé*, nous supposons, en d'autres termes, que, *quel que soit le nombre entier positif* x, *on a* $\mathrm{P}\,a^{(x)} = 0$.

Théorème I. — *Si au point* P *le plan tangent est* $\mathrm{P}\,a^{(m)}$, *une et une seule des propriétés suivantes sera toujours vérifiée :*

a. *En tout point* R *distinct de* P, *le plan tangent est* $\mathrm{R}\,a^{(n)}$ *avec* $n < m$, *et ce plan, ainsi que le nombre* n, *revient fixe lorsque le point* R *varie sur la droite* a.

b. *En tout point* R *distinct de* P, *le plan tangent est* $\mathrm{R}\,a^{(m)}$ *qui coïncide avec le plan* $\mathrm{P}\,a^{(m)}$, *excepté pour un point* S *où le plan tangent sera, soit le plan* $\mathrm{S}\,a^{(n)}$ *avec* $n > m$, *soit indéterminé.*

c. *En tout point* R, *le plan tangent est le plan* $\mathrm{R}\,a^{(m)}$ *et en deux points distincts de la droite* a, *les plans tangents sont différents.*

Dém. — Soit, en effet, Q un point quelconque distinct de P sur la droite a; au point Q, le plan tangent est le plan $Q a^{(n)}$ avec $n \lesseqgtr m$, ou bien encore se trouve indéterminé. Ces différents cas entraînent les propositions **a**, **b**, **c**, comme nous allons le montrer.

Quel que soit R, nous avons

$$(1) \qquad R = x P + y Q,$$

où x, y sont des nombres réels; si donc le plan $Q a^{(n)}$ $(n < m)$ est tangent au point Q, sachant que $P a^{(n)} = 0$, la formule (1) nous donne $R a^{(n)} = y Q a^{(n)}$; si $RP \neq 0$, on a $y \neq 0$ et $R a^{(n)} \neq 0$, c'est-à-dire que n est précisément le plus petit des nombres entiers positifs x tels que $R a^{(x)} \neq 0$, ou bien encore que le plan $P a^{(n)}$ est tangent au point R. Mais, en vertu de l'égalité $R a^{(n)} = y Q a^{(n)}$, ce plan est identique à $Q a^{(n)}$, ce qui achève d'établir la propriété **a**.

La première partie de la propriété **b** résulte du fait que si le plan $Q a^{(n)}$ $(n > m)$ est tangent en Q, on a $R a^{(m)} = x P a^{(m)}$, formule qui subsiste encore si le plan tangent au point Q est indéterminé.

Si le plan tangent en Q est $Q a^{(m)}$, on a

$$(2) \qquad R a^{(m)} = x P a^{(m)} + y Q a^{(m)}.$$

De plan $P a^{(m)} =$ plan $Q a^{(m)}$, on peut déduire $Q a^{(m)} = h P a^{(m)}$, où h est un nombre réel non nul et la formule (2) devient $R a^{(m)} = (x + h y) P a^{(m)}$; quand $\frac{x}{y} \neq - h$, plan $R a^{(m)} =$ plan $P a^{(m)}$ est le plan tangent au point R, tandis que si $\frac{x}{y} = - h$, au point $S = $ point $(Q - h P)$ le plan tangent sera $S a^{(m)}$ avec $n > m$, ou bien est indéterminé : on complète ainsi la propriété **b**. Si plan $P a^{(m)} \neq$ plan $Q a^{(m)}$, la forme $R a^{(m)}$ ne peut être nulle et $R a^{(m)}$ est plan tangent en R; les plans tangents en deux points distincts R et S ne sauraient d'ailleurs coïncider, car si

$$S = x_1 P + y_1 Q,$$

on a

$$R a^{(m)} . S a^{(m)} = \begin{vmatrix} x & y \\ x_1 & y_1 \end{vmatrix} P a^{(m)} . Q a^{(m)},$$

et, par suite, il faudrait avoir

$$\begin{vmatrix} x & y \\ x_1 & y_1 \end{vmatrix} = 0 \qquad \text{ou} \qquad \mathrm{P}\,a^{(m)}.\mathrm{Q}\,a^{(m)} = 0,$$

ce qui établit, finalement, la propriété **c**.

THÉORÈME II. — *Si en chaque point* P, *sauf un, au plus, de la droite* a, P $a^{(m)}$ *est le plan tangent*, $a^{(m)}\,a^{(m)} = 0$ *est la condition nécessaire et suffisante pour que les plans tangents en deux points distincts coïncident.*

Dém. — On a, en effet, en développant le produit régressif $\mathrm{Q}\,a^{(m)}.\mathrm{R}\,a^{(m)}$,

$$\mathrm{Q}\,a^{(m)}.\mathrm{R}\,a^{(m)} = (\mathrm{Q}.\mathrm{R}\,a^{(m)})a^{(m)} + (\mathrm{R}\,a^{(m)}.a^{(m)})\mathrm{Q};$$

mais

$$\mathrm{Q}.\mathrm{R}\,a^{(m)} = 0,$$

car le plan $\mathrm{R}\,a^{(m)}$ contient (n° **44**, théorème III) la droite a et par suite le point Q; alors

$$(1) \qquad \mathrm{Q}\,a^{(m)}.\mathrm{R}\,a^{(m)} = (\mathrm{R}\,a^{(m)}.a^{(m)})\mathrm{Q}.$$

Le produit régressif $\mathrm{R}\,a^{(m)}.a^{(m)}$ fournit encore

$$\mathrm{R}\,a^{(m)}.a^{(m)} = -\,\mathrm{R}\,a^{(m)}.a^{(m)} + a^{(m)}a^{(m)}.\mathrm{R},$$

ou

$$\mathrm{R}\,a^{(m)}.a^{(m)} = \frac{1}{2}\,a^{(m)}a^{(m)}.\mathrm{R};$$

et la formule (1) devient

$$\mathrm{Q}\,a^{(m)}.\mathrm{R}\,a^{(m)} = \frac{1}{2}\,a^{(m)}a^{(m)}.\mathrm{RQ}.$$

D'ailleurs, comme $\mathrm{QR} \neq 0$, $a^{(m)}a^{(m)}$ est bien la condition nécessaire et suffisante pour que $\mathrm{Q}\,a^{(m)}.\mathrm{R}\,a^{(m)} = 0$; ce qu'il s'agissait précisément d'établir.

THÉORÈME III. — *Si en deux points quelconques, mais distincts, de la droite* a, *les plans tangents sont différents*, P $a^{(m)}$ *étant, par exemple, le plan tangent en l'un d'eux* P, *et si* α *est une forme non nulle du troisième ordre qui renferme la forme a* ($\alpha a = 0$), *le plan α est tangent à la surface réglée au point $\alpha a^{(m)}$.*

Dém. — $\alpha a^{(m)} . a^{(m)}$ est le plan tangent au point $\alpha a^{(m)}$, mais

$$a^{(m)} \alpha . a^{(m)} = - a^{(m)} a^{(m)} . \alpha - \alpha a^{(m)} . a^{(m)}$$

ou

$$\alpha a^{(m)} . a^{(m)} = - \frac{1}{2} a^{(m)} a^{(m)} . \alpha :$$

le théorème II donne $a^{(m)} a^{(m)} \neq 0$, c'est-à-dire que

$$\text{plan } \alpha a^{(m)} . a^{(m)} = \text{plan } \alpha,$$

ce qui démontre le théorème.

Théorème IV. — *Lorsque α varie, en conservant les hypothèses du théorème III, le faisceau de plans α est projectif aux points de contact de ces plans avec la surface réglée (les points $\alpha a^{(m)}$).*

Dém. — A deux plans α différents correspondent deux points distincts $\alpha a^{(m)}$ et réciproquement : donc la correspondance entre les plans α et les points $\alpha a^{(m)}$ est univoque et réciproque.

Posons alors

$$P_1 = x_1 Q + y_1 R, \qquad P_2 = x_2 Q + y_2 R.$$

Le double rapport de la suite de points Q, R, P_1, P_2 (qui dépend uniquement de la position des formes Q, R, P_1, P_2) est le nombre

$$\frac{QP_1}{RP_1} \frac{RP_2}{QP_2} = \frac{y_1 QR}{x_1 RQ} \frac{x_2 RQ}{y_2 QR} = \frac{y_1 x_2}{x_1 y_2}.$$

Mais nous savons que

$$P_1 a^{(m)} = x_1 Q a^{(m)} + y_1 R a^{(m)}, \qquad P_2 a^{(m)} = x_2 P a^{(m)} + y_2 R a^{(m)},$$

et par suite le double rapport de la suite de plans $Q a^{(m)}$, $R a^{(m)}$, $P_1 a^{(m)}$, $P_2 a^{(m)}$ est encore le même nombre $\frac{y_1 x_2}{x_1 y_2}$.

46. Surfaces réglées gauches. — Nous dirons que la surface réglée a est une *surface gauche réglée* lorsque, pour toute valeur de t, les plans tangents (s'ils existent) en deux points distincts de la droite a, ne coïncident pas, excepté peut-être pour les droites a qui correspondraient à un système de valeurs isolées de t dans l'intervalle considéré ; de telles génératrices seraient alors dites *génératrices singulières*.

Si nous supposons que $P\,a'$ soit le plan tangent en chaque point P d'une génératrice non singulière quelconque, le théorème II du n° **45** montre que pour toute valeur de t, à laquelle correspond une génératrice non singulière, $a'a' \neq 0$, c'est-à-dire que a' n'est pas réductible à un segment ou à un bivecteur, mais est toujours la somme d'un segment et d'un bivecteur. De même, si α est une forme du troisième ordre avec $\alpha a = 0$, le théorème III du n° **45** prouve que le plan α touche la surface gauche réglée a au point $\alpha a'$.

a. Dans le cas où la forme a n'est pas un bivecteur, pour une valeur donnée de t, on appelle *plan asymptotique de la surface pour la génératrice a* le plan tangent à la surface au point à l'infini sur la droite a, c'est-à-dire précisément le plan tangent au point $a\omega$. Le plan asymptotique pour la génératrice a est donc le plan $a\omega.a'$ ou le plan $a'\omega.a$, car, puisque $aa' = 0$, on a (page 49)

$$a\omega.a' = aa'.\omega - \omega a'.a = - a'\omega.a.$$

Le plan qui passe par la droite a, perpendiculairement au plan asymptotique, est dit *plan central de la surface pour la génératrice a* ; et son point de contact avec la surface est appelé *point central de la génératrice a*. Le plan central pour la droite a est donc le plan $a|(a\omega.a'\omega)$, puisque le plan asymptotique $a'\omega.a$ possède la même orientation que le bivecteur $a\omega.a'\omega$; de même $[a|(a\omega.a'\omega)]a'$ est point central de la droite a.

On appelle *ligne de striction de la surface gauche réglée a* le lieu des points centraux sur les droites a.

b. Si a_1 est une génératrice de la surface gauche réglée a, le plan asymptotique pour la droite a est la position limite du plan qui passe par la droite a parallèlement à la droite a_1, lorsque celle-ci, en variant sur la surface, tend à coïncider avec la droite a.

Posons $a_1 = a(t+h)$; le plan parallèle à a_1 qui passe par la droite a est le plan $a.a_1\omega$, et en développant a_1 par la formule de Taylor on a

$$a.a_1\omega = a.[a\omega + h(a'+q)\omega] = h(a.a'\omega + a.q\omega),$$

où q satisfait à $\lim_{h=0} q = 0$; ainsi donc

$$\lim \text{plan } a.a_1\omega = \text{plan } a.a'\omega,$$

ce qui démontre la proposition.

Si $\operatorname{mod} PP_1$ représente la plus courte distance entre les deux droites a et a_1, le point central pour la droite a est la position limite du point P_1 lorsque a_1 tend vers a en restant sur la surface. En effet, le point P_1 n'est autre que le point $[a|(a\omega.a_1\omega)]a_1$; en développant a_1 par la formule de Taylor et passant à la limite on obtient le point $[a|(a\omega.a'\omega)]a'$ qui est point central pour la droite a.

c. Si b est une forme non nulle du deuxième ordre à invariant nul, on peut aisément démontrer que la droite $Pa'.b$ décrit un hyperboloïde ou un paraboloïde de raccordement à la surface tout le long de la droite a, lorsque le point P se déplace sur la génératrice même a. De même, étant

$$\lim_{h=0} Pa'.a_1 = Pa'.a'',$$

la droite $Pa'.a''$ décrit bien l'hyperboloïde osculateur à la surface tout le long de la droite a.

d. Soient $P(t)$ un point (non à l'infini) et $I(t)$ un vecteur unité; posons $a = PI$, la droite a décrit une surface réglée quand t varie dans l'intervalle considéré. Cette surface est gauche si

$$a'a' = (P'I + PI')(P'I + PI') = 2PP'II' > 0,$$

c'est-à-dire si les vecteurs P', I' ne sont pas nuls ni les vecteurs P′, I, I′ complanaires; PII′ est alors le plan asymptotique pour la droite PI. I′ étant perpendiculaire au vecteur I, le point P décrit la ligne de striction de la surface lorsque les vecteurs P′, I, |II′ sont complanaires et réciproquement.

Supposons maintenant que la ligne P soit ligne de striction de la surface gauche réglée PI : le fait que les vecteurs P′, I, |II′ sont complanaires donne

$$P' = h\mathrm{I} + k\,|\,\mathrm{II}',$$

où h, k sont des nombres réels ($k \neq$ o car PP′II′ n'est pas nul). Si Q est un point de la droite PI on aura

$$Q = P + x\mathrm{I},$$

où x est un nombre réel, et puisque Q(PI)′ est plan tangent au point Q on peut écrire

$$Q(\mathrm{PI})' = (\mathrm{P} + x\mathrm{I})(\mathrm{P'I} + \mathrm{PI'})$$
$$= (\mathrm{P} + x\mathrm{I})(k\mathrm{I}\,|\,\mathrm{II'} + \mathrm{PI'}) = \mathrm{P}(k\mathrm{I}\,|\,\mathrm{II'} - x\mathrm{II'}).$$

Mais les bivecteurs I|II′, II′ ont même module et sont rectangulaires; de sorte que, si θ est l'un des angles formés par le plan tangent en Q avec le plan central, on aura

$$\tan\theta = \frac{x}{k},$$

formule qui est due à Chasles. Le nombre k est appelé *paramètre de distribution de la génératrice* PI.

47. Surfaces développables. — Nous dirons que la surface réglée a est une *surface développable* quand pour toute valeur de t les plans tangents, s'ils existent, en chaque point de la droite a, excepté un seul au plus, coïncident avec un plan fixe, appelé *plan tangent tout du long de la droite a.*

Supposons donc que le plan tangent soit Pa' en chaque point P d'une génératrice, excepté au point Q : le théorème I du n° **45** prouve que, au point Q, le plan tangent sera Qa'', ou Qa''', ..., à moins encore qu'il ne soit indéterminé : de même, le théorème II du n° **45** est applicable et permet d'écrire, pour chaque valeur de t, $a'a' = 0$, c'est-à-dire que a' est un segment ou un bivecteur : la droite a' est d'ailleurs contenue dans le plan Pa', tangent précisément tout le long de la génératrice a, car $Pa'.a' = -Pa'.a' + a'a'.P$, d'où $Pa'.a' = 0$.

a. Soient O une forme constante, non nulle cependant, du premier ordre, et $A(t)$ une forme non nulle du même ordre ; la forme du deuxième ordre OA engendre un *cône* de sommet O ; dans le cas où le point O est à l'infini, la surface OA est encore appelée *cylindre*. D'autre part, on sait que $(OA)' = OA'$, c'est-à-dire $(OA)'(OA)' = 0$, ce qui prouve que le cône est une surface développable, en même temps que le plan tangent au point O est indéterminé, car, quel que soit le nombre entier positif x, on aura $O(OA)^{(x)} = O.OA^{(x)} = 0$. Le plan tangent tout le long de la droite OA est OAA'.

b. Si, pour chaque valeur de t, $a\omega \neq 0$ et $a.a'\omega.a''\omega \neq 0$, on peut énoncer les théorèmes suivants :

Théorème I. — *Le plan tangent tout du long de la droite a est $a\omega.a'$, ou encore le plan $a'\omega.a$, identique au premier.*

Dém. — On a $a\omega.a' = aa'.\omega - a'\omega.a = -a'\omega.a$, et comme $a.a'\omega \neq 0$, le plan tangent au point de l'infini $a\omega$ est précisément le plan $a\omega.a' = \text{plan } a'\omega.a$, tandis que le théorème I du n° **45** implique au plan $a\omega.a'$ d'être tangent tout le long de la droite a.

Théorème II. — *L'enveloppe dont les plans sont tangents à la surface a a pour caractéristiques les droites a.*

Dém. — En posant $\alpha = a'\omega.a$. Nous aurons

$$\alpha' = a''\omega.a + a'\omega.a' = a''\omega.a,$$

car a' est un segment et $a'\omega.a' = 0$; il suffit alors d'effectuer le produit régressif $\alpha\alpha'$ pour voir que

$$\alpha\alpha' = (a'\omega.a)(a''\omega.a)$$
$$= [a'\omega(a''\omega.a)]a + [a(a''\omega.a)]a'\omega = (a.a'\omega.a''\omega)a,$$

ce qui démontre le théorème.

Définition. — On appelle *arête de rebroussement de la surface développable a*, la ligne de rebroussement de l'enveloppe de ses plans tangents.

Théorème III. — *L'arête de rebroussement de la surface a peut être considérée comme engendrée par le point $a(a'.a''\omega)$.*

Dém. — Soit $\alpha = a'\omega.a$; on a

$$\alpha' = a''\omega.a \qquad \text{et} \qquad \alpha'' = a'''\omega.a + a''\omega.a',$$

d'où

$$\alpha\alpha'\alpha'' = (a.a'\omega.a''\omega)[a(a'''\omega.a) + a(a''\omega.a')] = (a.a'\omega.a''\omega)\,a(a'a''.\omega),$$

ce qui établit le théorème.

Théorème IV. — *Le point de l'arête de rebroussement qui appartient à la droite a est donné par le produit régressif aa' développé sur le plan tangent tout le long de la droite a.*

Dém. — En effet, le produit progressif aa' étant nul, les droites a, a' ont un point commun, et ce point est effectivement le point commun à la droite a et au plan $a'.a''\omega$.

c. Soit $P(t)$ un point tel que $PP'P'' \neq 0$ pour toute valeur de t : comme $(PP')'(PP')' = PP''PP'' = 0$, la droite PP' décrit une surface développable qui admet comme plans tangents, les plans osculateurs $PP'P''$ à la courbe P, car

$$(PP'.\omega)(PP')' = P'(PP'') = -PP'P'';$$

cette surface développable PP' est appelée *développable osculatrice de la courbe* **P**.

§ 4. — **FORMULES DE FRENET**.

48. Arcs. — Soient $P(t)$ un point fonction continue de t; a, b deux valeurs particulières de t, et t_1, t_2, ..., t_{n-1} une suite de valeurs telles que $a \lesseqgtr t_1 \lesseqgtr t_2 \lesseqgtr \ldots \lesseqgtr t_{n-1} \lesseqgtr b$, ou bien encore $a \gtreqless t_1 \gtreqless t_2 \gtreqless \ldots \gtreqless t_{n-1} \gtreqless b$, selon que $a \lessgtr b$ ou $a \gtrless b$: la limite supérieure de l'ensemble des nombres que l'on peut déduire de

$$(1) \quad \mathrm{mod}\, P(a)\, P(t_1) + \mathrm{mod}\, P(t_1)\, P(t_2) + \ldots + \mathrm{mod}\, P(t_{n-1})\, P(b),$$

en faisant varier la suite $t_1, t_2, \ldots, t_{n-1}$, est appelée *longueur de l'arc (sur la ligne* P) *limité par les points* P(a), P(b), et se représente par le signe $\mathrm{arc}\, P(a)\, P(b)$. La droite limitée aux points P(a), P(b), de longueur $\mathrm{mod}\, P(a)\, P(b)$, est encore dite *corde* de l'arc P(a) P(b).

Dans ces conditions, s'il existe un nombre supérieur à toute valeur de (1), $\mathrm{arc}\, P(a)\, P(b)$ est un nombre réel bien déterminé, sinon $\mathrm{arc}\, P(a)\, P(b) = \infty$. On a toujours, par exemple,

$$\mathrm{mod}\, P(a)\, P(b) \lesseqgtr \mathrm{arc}\, P(a)\, P(b) \quad \text{et} \quad \mathrm{arc}\, P(a)\, P(a) = 0.$$

Théorème I. — *Si* P(t) *est un point,* P$'$(t) *une forme (vecteur) fonction continue de t et si, pour une valeur particulière t' de t, on a* P$'$(t') $\neq$ 0, *le rapport d'un arc de la ligne* P *à sa corde a pour limite l'unité quand les extrémités de l'arc tendent vers le point* P(t').

Dém. — Il résulte des hypothèses et du théorème **IV** du n° **42** que la tangente à la ligne P en P(t') est la position limite de la droite qui joint deux points quelconques de P lorsque ces deux points tendent à venir coïncider au point P(t'); on peut donc déterminer deux valeurs différentes a et b pour t, telles que $a \lessgtr t' \lessgtr b$ et que, de plus, la droite qui joint deux points quelconques de l'arc P(a) P(b) fasse avec la droite P(a) P(b) un angle inférieur à un angle donné θ compris entre 0 et $\dfrac{\pi}{2}$.

$t_0 = a, t_1, t_2, \ldots, t_{n-1}, t_n = b$ ayant la signification précédente, si l'on pose $P_r = P(t_r)$ pour $r = 0, 1, \ldots, n$, on peut écrire

$$(P_n - P_0)^2 = (P_1 - P_0) \mid (P_n - P_0)$$
$$+ (P_2 - P_1) \mid (P_n - P_0) + \ldots + (P_n - P_{n-1}) \mid (P_n - P_0).$$

et la division par

$$\mathrm{mod}(P_n - P_0) = \mathrm{mod}\, P_0 P_n$$

donne

$$\operatorname{mod} P_0 P_n = \operatorname{mod} P_0 P_1 \cos\varphi_1 + \ldots + \operatorname{mod} P_{n-1} P_n \cos\varphi_n,$$

où

$$\varphi_r = (P_r - P_{r-1}, \, P_n - P_0) \qquad \text{pour} \qquad r = 1, 2, \ldots, n\,;$$

d'où l'on déduit que

$$(2) \qquad \operatorname{mod} P_0 P_n = (\operatorname{mod} P_0 P_1 + \ldots + \operatorname{mod} P_{n-1} P_n)\cos\varphi :$$

φ, dans cette formule, représente un angle moyen entre les angles φ_1, φ_2, $\ldots$, φ_n. Il résulte, notamment, de cette équation (2) que le nombre (1) est toujours inférieur à $\operatorname{mod}\dfrac{P_0 P_n}{\cos\theta}$, et, par conséquent, $\operatorname{arc} P_0 P_n$ est un nombre réel bien déterminé. La formule (2) subsistera donc à la limite supérieure, c'est-à-dire que

$$\operatorname{mod} P_0 P_n = \operatorname{arc} P_0 P_n \cos\psi,$$

où ψ est un angle moyen parmi les angles que font avec $P_0 P_n$ les droites qui joignent deux points quelconques de l'arc $P_0 P_n$. Si nous faisons désormais tendre $P(a)$ et $P(b)$ vers le point $P(t')$, ψ tend vers zéro, d'où l'on déduit

$$\lim \frac{\operatorname{arc} P(a)\,P(b)}{\operatorname{mod} P(a)\,P(b)} = \lim_{\psi=0} \frac{1}{\cos\psi} = 1,$$

ce qu'il fallait précisément démontrer.

Théorème II. — *Si* $P(t)$ *est un point,* $P'(t)$ *un vecteur non nul, fonction continue de* t, *et si, en outre,* a *et* b *sont deux valeurs de* t *telles que* $a \lesseqgtr b$, *on a*

$$\operatorname{arc} P(a)\,P(b) = \int_a^b \operatorname{mod} dP.$$

Dém. — En convenant d'indiquer par $\Delta \operatorname{arc} P(a)\,P(t)$ l'incrément de la fonction $\operatorname{arc} P(a)\,P(t)$ lorsque t passe de la valeur t à la valeur $t+h$, on aura manifestement

$$\Delta \operatorname{arc} P(a)\,P(t) = \operatorname{arc} P(t)\,P(t+h)$$
$$= \frac{\operatorname{arc} P(t)\,P(t+h)}{\operatorname{mod} P(t)\,P(t+h)} \operatorname{mod}[P(t+h) - P(t)],$$

et, en appliquant le théorème I pour passer simultanément
à la limite $h = 0$,

$$d \operatorname{arc} P(a) P(t) = \operatorname{mod} dP,$$

formule qui démontre le théorème.

49. Soient $P(t)$ un point, $P'(t)$ un vecteur non nul fonction
continue de t; par la notation $s(t)$ ou, plus simplement, s,
nous représenterons toute fonction de t telle que $s + c$ reste
bien défini par l'équation

$$(1) \qquad ds = \operatorname{mod} dP,$$

la constante numérique c ayant été, d'ailleurs, arbitrairement
choisie; cette équation peut encore s'écrire, puisque dt est
positif,

$$(1)' \qquad \frac{ds}{dt} = \operatorname{mod} \frac{dP}{dt}.$$

Nous appellerons alors s l'arc de la ligne P et si a, $b(a < b)$
sont deux valeurs quelconques de t, on a

$$\operatorname{arc} P(a) P(b) = s(b) - s(a).$$

Nous appellerons encore *origine des arcs sur la ligne* P le
point $P(a)$ pour lequel $s(a) = 0$.

Lorsque t varie dans l'intervalle considéré pour tendre
vers une valeur t_0, à condition toutefois que $\lim_{t \to t_0} P$ soit un
point projectif P_0 bien déterminé, nous poserons

$$\operatorname{arc} P(a) P_0 = \lim_{t = t_0} \int_a^t \operatorname{mod} dP = \lim_{t = t_0} [s(t) - s(a)].$$

Exemples. — 1er En considérant, en particulier, les coordonnées cartésiennes orthogonales

$$P = O + xI + yJ + zK$$

avec trois fonctions x, y, z de t, on a

$$dP = dx\,I + dy\,J + dz\,K,$$

d'où

$$ds = \sqrt{dx^2 + dy^2 + dz^2},$$

la formule ordinaire de Géométrie analytique.

Si l'on veut encore

$$\cos(d\mathrm{P}, \mathrm{I}) = \frac{dx}{ds}, \qquad \cos(d\mathrm{P}, \mathrm{J}) = \frac{dy}{ds}, \qquad \cos(d\mathrm{P}, \mathrm{K}) = \frac{dz}{ds}$$

donnent les cosinus des angles que fait la tangente au point P avec les axes coordonnés.

2e En coordonnées polaires sur le plan, on aurait

$$\mathrm{P} = \mathrm{O} + \rho\, e^{i\varphi} \mathrm{I}$$

ou

$$d\mathrm{P} = (d\rho + i\rho\, d\varphi) e^{i\varphi} \mathrm{I},$$

et

$$ds = \sqrt{d\rho^2 + \rho^2\, d\varphi^2}.$$

3e Le point $\mathrm{P} = \mathrm{O} + e^{a\varphi} e^{i\varphi} \mathrm{I}\, (a \gtrless 0)$ décrit une spirale logarithmique quand φ varie de $-\infty$ à $+\infty$: si l'on prend précisément φ pour variable indépendante

$$\mathrm{P}' = (a + i) e^{a\varphi} e^{i\varphi} \mathrm{I},$$

et donc

$$\operatorname{mod} \mathrm{P}' = \sqrt{1 + a^2}\, e^{a\varphi},$$

ou encore

$$ds = \sqrt{1 + a^2}\, e^{a\varphi}\, d\varphi.$$

Si φ_0 et φ_1 sont deux valeurs particulières de φ

$$\operatorname{arc} \mathrm{P}(\varphi_0)\, \mathrm{P}(\varphi_1) = \sqrt{1 + a^2} \int_{\varphi_0}^{\varphi_1} e^{a\varphi}\, d\varphi = \frac{\sqrt{1 + a^2}}{a} (e^{a\varphi_1} - e^{a\varphi_0}),$$

et l'on a

$$\lim_{\varphi_0 = -\infty} \operatorname{arc} \mathrm{P}(\varphi_0)\, \mathrm{P}(\varphi_1) = \frac{\sqrt{1 + a^2}}{a}\, e^{a\varphi_1} :$$

en prenant donc pour origine des arcs le point asymptotique O de la courbe, on aura, quel que soit φ,

$$s = \frac{\sqrt{1 + a^2}}{a}\, e^{a\varphi}.$$

50. Courbure et rayon de courbure. — Soit encore $P(t)$ un point tel que les vecteurs $P'(t)$, $P''(t)$ soient bien déterminés pour toute valeur de t, ainsi que, en outre, $P'(t) \neq 0$.

Si s représente l'arc de la ligne P, nous pouvons considérer P comme fonction de la variable s, et la formule $ds = \mathrm{mod}\, dP$ permet d'obtenir les dérivées de P par rapport à s en observant que $\dfrac{dP}{ds} = \dfrac{dP}{dt}\dfrac{dt}{ds}$.

Si nous posons

$$(1) \qquad\qquad T(s) = \frac{dP}{ds};$$

T est un vecteur unité parallèle à la tangente de la ligne P au point P, car $\dfrac{dP}{ds} = \dfrac{dP}{\mathrm{mod}\, dP}$ résulte de $\mathrm{mod}\, P \neq 0$; le vecteur $\dfrac{dT}{ds} = \dfrac{d^2P}{ds^2}$ est bien déterminé puisque P'' lui-même l'est aussi, et si $T\dfrac{dT}{ds} \neq 0$, le plan $PT\dfrac{dT}{ds}$ est osculateur au point P.

En posant

$$(2) \qquad\qquad \frac{1}{\rho} = \mathrm{mod}\, \frac{dT}{ds}$$

nous appelons *courbure de la ligne* P *au point* P le nombre $\dfrac{1}{\rho}$; l'inverse de la courbure (ρ) est dit encore *rayon de courbure au point* P.

THÉORÈME. — *Pour que la ligne* P *soit une ligne droite, il faut et il suffit que la courbure soit nulle en tout point* P.

Dém. — En effet, si le point P décrit une ligne droite, $P = O + sI$, où O est un point fixe de la ligne P et I un vecteur unité constant; alors $T = I$ et $\dfrac{dT}{ds} = 0$, ce qui entraîne bien $\frac{1}{\rho} = 0$, pour chaque valeur de s; la condition est donc nécessaire. Supposons maintenant que l'on ait $\frac{1}{\rho} = 0$ pour toute valeur de s, c'est-à-dire que $\frac{d\mathrm{T}}{ds}$ soit constamment nulle; il en résultera que T est un vecteur constant; or $d\mathrm{P} = \mathrm{T}\,ds$, et, par suite, $d(\mathrm{P} - s\mathrm{T}) = 0$, c'est-à-dire $\mathrm{P} - s\mathrm{T} = \mathrm{O}$, où O est un point fixe; la condition énoncée est bien aussi suffisante.

51. Si, quel que soit t, $\frac{1}{\rho} \neq 0$, nous poserons

$$(3) \qquad \mathrm{N}(s) = \rho\,\frac{d\mathrm{T}}{ds},$$

c'est-à-dire [formule (2)]

$$\mathrm{N}(s) = \frac{\dfrac{d\mathrm{T}}{ds}}{\mathrm{mod}\,\dfrac{d\mathrm{T}}{ds}}.$$

Le vecteur $\frac{d\mathrm{T}}{ds}$ n'étant pas nul, puisque, par hypothèse, $\frac{1}{\rho} \neq 0$, N est un vecteur unité tout comme T auquel il est perpendiculaire; ainsi donc N, parallèle au plan osculateur au point P, est le vecteur parallèle à la normale principale au point P ([1]).

En conservant les hypothèses précédentes, on voit que : PT est la tangente, PN la normale principale et PTN le plan osculateur au point P.

Le point $\mathrm{Q} = \mathrm{P} + \rho\mathrm{N}$, situé sur la normale principale au point P, sera appelé *centre de courbure au point* P.

Exemple. — 1er En coordonnées cartésiennes orthogonales,

$$\mathrm{P} = \mathrm{O} + x\mathrm{I} + y\mathrm{J} + z\mathrm{K},$$

([1]) Si, pour une valeur de s, $\frac{1}{\rho} = 0$ et que le plan osculateur au point P soit déterminé, le sens seul du vecteur unité parallèle à la normale principale au point P restera indéterminé.

d'où

$$\frac{d^2 P}{ds^2} = \frac{dT}{ds} = \frac{d^2 x}{ds^2}\,I + \frac{d^2 y}{ds^2}\,J + \frac{d^2 z}{ds^2}\,K,$$

et

$$\frac{1}{\rho} = \sqrt{\left(\frac{d^2 x}{ds^2}\right)^2 + \left(\frac{d^2 y}{ds^2}\right)^2 + \left(\frac{d^2 z}{ds^2}\right)^2}.$$

Comme, au reste, $\dfrac{d^2 P}{ds^2}$ est parallèle au vecteur N on aura

$$\cos(N,I) = \rho\,\frac{d^2 x}{ds^2}, \qquad \cos(N,J) = \rho\,\frac{d^2 y}{ds^2}, \qquad \cos(N,K) = \rho\,\frac{d^2 z}{ds^2},$$

égalités qui donnent les cosinus des angles que fait la normale principale avec les axes coordonnés.

Le centre de courbure Q aura de même pour coordonnées X, Y, Z

$$X = x + \rho^2\,\frac{d^2 x}{ds^2}, \qquad Y = y + \rho^2\,\frac{d^2 y}{ds^2}, \qquad Z = z + \rho^2\,\frac{d^2 z}{ds^2}$$

2e Posons $v = \dfrac{ds}{dt}\cdot$ (Si la variable t figure le temps, c'est la grandeur de la vitesse au point P.) $P' = v\,T$ et prenons la dérivée par rapport au temps, on a

$$P'' = v'\,T + v\,\frac{dT}{ds}\,\frac{ds}{dt} = v'\,T + \frac{v^2}{\rho}\,N,$$

où $\dfrac{v^2}{\rho}\,N$ est la composante normale du vecteur P'' (accélération); si donc l'on pose comp. norm. $P'' = \dfrac{v^2}{\rho}\,N$, il vient l'équation

$$\rho = \frac{v^2}{\text{mod comp. norm. } P''},$$

qui fournit une construction fort simple du centre de courbure, connaissant les vecteurs P', P''. Par les points $P + P'$, $P + P''$ (*fig.* 5) menons (dans le plan osculateur en P) des parallèles aux vecteurs N, P' qui se coupent en M; la perpendiculaire à PM issue du point $P + P'$ rencontre la normale principale PN au centre de courbure Q, et ceci résulte, immédiatement, de la considération des triangles semblables dont les sommets sont les points P, $P + P'$, Q et $P + P'$, M, P.

Fig. 5.

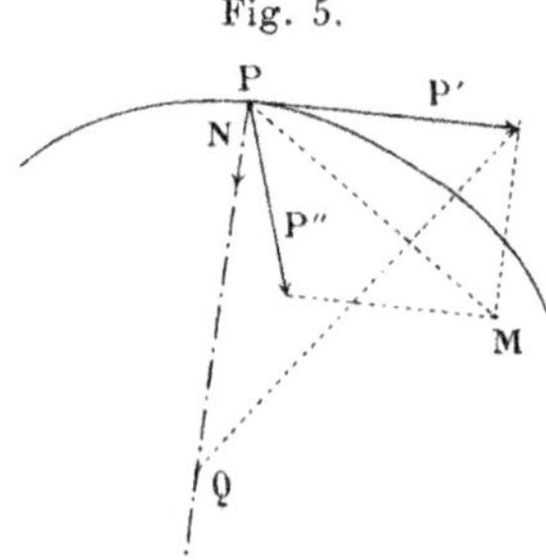

3e Le point $P = O + he^{i\varphi}I + ke^{-i\varphi}I$ décrit une ellipse dont les demi-diamètres sont $h + k$ et $h - k$; alors

$$P' = he^{i\varphi}iI - ke^{-i\varphi}iI, \qquad P'' = - he^{i\varphi}I - ke^{-i\varphi}I,$$

d'où

$$P'' = O - P;$$

mais

$$O + P' = P\left(\varphi + \frac{\pi}{2}\right)$$

et (*exemple* 2e), pour obtenir le centre de courbure au point P (*fig.* 6), il suffit de tracer le parallélogramme cir-

Fig. 6.

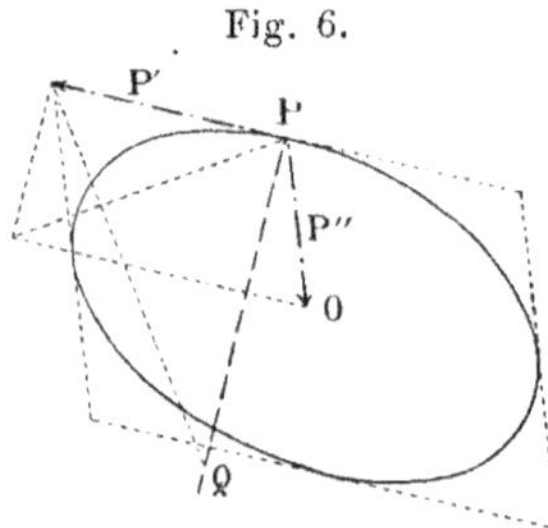

conscrit à l'ellipse et d'effectuer la construction indiquée par la figure.

4e Pour la cycloïde (*voir* n° **17**) on a de même

$$P' = rI - re^{-i\varphi}I = i(M - P),$$
$$P'' = \quad re^{-i\varphi}iI \quad = C - P ;$$

d'où il résulte que le module de la composante normale de P'' est égal à $\frac{1}{2}\mathrm{mod}(M - P)$, et par conséquent,

$$\rho = 2\,\mathrm{mod}(M - P).$$

c'est-à-dire que le centre de courbure $Q = P + \rho N$ est tel que $P + Q = 2M$, et que l'expression du point Q est

$$Q = M + (M - P) = O + r\varphi I - riI + re^{-i\varphi}iI.$$

Si nous indiquons alors par O_1 le centre de courbure de la cycloïde au point $P(\pi)$ on voit que

$$O_1 = O + r\pi I - 2riI,$$

d'où résulte aisément, pour le point Q,

$$Q = O_1 + r(\varphi - \pi)I + riI - re^{-i(\varphi - \pi)}iI,$$

et Q décrit une cycloïde égale à la cycloïde du point P que l'on peut déduire de cette dernière par une translation dont le vecteur $r\pi I - 2riI$ donne la grandeur, la direction et le sens.

52. Supposons maintenant que la ligne P soit plane (non droite); le vecteur N est parallèle au vecteur iT et nous pouvons donner à la courbure $\frac{1}{\rho}$ un signe tel que l'on ait, pour toute valeur de s,

$$(1) \qquad\qquad \frac{dT}{ds} = \frac{1}{\rho}iT.$$

a. Le lieu du centre de courbure de la ligne P est le lieu des caractéristiques de l'enveloppe des normales à cette ligne, car, en posant $a = P\,iT$, on voit que

$$\frac{da}{ds} = T\,iT - \frac{1}{\rho}PT,$$

et le développement du produit régressif $a\dfrac{da}{ds}$ donne précisément

$$a\frac{da}{ds} = \mathrm{PT}i\mathrm{T}.i\mathrm{T} + \frac{\mathrm{I}}{\rho}\,\mathrm{PT}i\mathrm{T}.\mathrm{P} = \frac{\mathrm{I}}{2\rho}(\mathrm{P} + \rho\,i\mathrm{T}),$$

relation qu'il s'agissait d'établir.

b. Posons $\alpha = (\mathrm{I}, \mathrm{T})$ en prenant pour I un vecteur unité fixe du plan de la courbe P; α est une fonction de s, telle que

$$\frac{d\alpha}{ds} = \frac{\mathrm{I}}{\rho}\cdot$$

En effet

$$\cos\alpha = \mathrm{I}\,i\mathrm{T},$$

et

$$-\sin\alpha\,\frac{d\alpha}{ds} = \frac{\mathrm{I}}{\rho}\,\mathrm{I}i(i\mathrm{T}) = -\frac{\mathrm{I}}{\rho}\,\mathrm{IT} = -\frac{\mathrm{I}}{\rho}\sin\alpha;$$

donc

$$\frac{d\alpha}{ds} = \frac{\mathrm{I}}{\rho}$$

si $\sin\alpha \neq o$; mais, dans le cas où l'on aurait $\sin\alpha = o$ pour une certaine valeur de s, si h est une constante telle que

$$\sin(\alpha + h) \neq o,$$

on aurait

$$\frac{d(d+h)}{ds} = \frac{\mathrm{I}}{\rho}, \qquad \text{ou} \qquad \frac{d\alpha}{ds} = \frac{\mathrm{I}}{\rho} \quad (^1).$$

c. Si l'on donne le nombre ρ en fonction de s, la ligne P est déterminée, sauf pourtant sa position dans le plan.

Soit, en effet, T_0 un vecteur unité constant; posons

$$(2) \qquad\qquad \mathrm{T} = \left(e^{\,i\int\frac{ds}{\rho}}\right)\mathrm{T}_0;$$

on aura

$$\frac{d\mathrm{T}}{ds} = \frac{\mathrm{I}}{\rho}\,i\mathrm{T},$$

(^{1}) On arrive au même résultat en considérant l'indicatrice sphérique de la courbe P (*voir* n° **55**).

qui n'est autre que la formule (1), et comme

$$\frac{d\mathrm{P}}{ds} = \mathrm{T},$$

on a

$$(3) \qquad \mathrm{P} = \mathrm{P}_0 + \left(\int c^{i\int \frac{ds}{\rho}}\, ds \right) \mathrm{T}_0,$$

formule dans laquelle P_0 représente un point arbitraire du plan, et les quadratures sont effectuées à partir d'une valeur déterminée de s. En introduisant l'angle α défini en **b**, la formule (3) prend la forme

$$(4) \qquad \mathrm{P} = \mathrm{P}_0 + \left(\int c^{i\alpha}\, ds \right) \mathrm{T}_0.$$

Le lieu du point P passe par P_0 où elle admet pour tangente la droite $\mathrm{P}_0\mathrm{T}_0$.

Si, par exemple, ρ est constant, le point P décrit une circonférence, car, en posant $s = \rho\varphi$, la formule (4) donne

$$\mathrm{P} = \mathrm{P}_0 + \left(\rho \int_0 c^{i\varphi}\, d\varphi \right) \mathrm{T}_0 = \mathrm{P}_0 - \rho i (c^{i\varphi} - 1) \mathrm{T}_0$$

$$= (\mathrm{P}_0 + \rho i \mathrm{T}_0) - \rho c^{i\varphi} i \mathrm{T}_0,$$

et il est manifeste que le point P décrit une circonférence de centre $\mathrm{P}_0 + \rho i \mathrm{T}_0$ et de rayon ρ.

Le lecteur pourra, à titre d'exercice, déterminer l'expression du point P dans les cas suivants :

Développante de cercle	$\rho^2 = 2as$
Épicycloïde, hypocycloïde, cycloïde	$\dfrac{s^2}{a^2} + \dfrac{\rho^2}{b^2} = 1$
Spirale logarithmique	$\rho = as$
Clotoyde	$\rho s = a^2$
Tractrice	$\rho = a\sqrt{e^{\frac{2s}{a}} - 1}$
Chaînette	$\rho = a + \dfrac{s^2}{a}$

d. En supposant que le point P décrive une courbe gauche, un point quelconque Q de la surface réglée développable décrite par PT a pour expression $Q = P + uT$, où u est une fonction de s. Soit, en outre, $P_1(s)$ un point qui décrit une ligne plane d'arc s et dont la courbure en chaque point est la même que celle de la courbe P au point correspondant. On peut représenter les points de la surface développable PT sur le plan de la ligne P_1 en faisant correspondre au point Q le point

$$Q_1 = P_1 + uT_1,$$

et comme

$$\mod dQ = \mod dQ_1 = \sqrt{\left(1 + \frac{du}{ds}\right)^2 + \frac{u^2}{\rho^2}}\, ds,$$

la correspondance considérée conserve la grandeur des arcs tracés sur la développable. Nous exprimerons, en général, cette propriété en disant que l'on peut développer la surface PT sur un plan, ou encore en disant plus simplement que la surface PT est développable.

Exemples. — 1er Si la courbe P_1 roule sans glisser sur une autre courbe P, la trajectoire d'un point Q, invariablement lié à P_1, est appelée *roulette*. Soient donc O un point fixe de

Fig. 7.

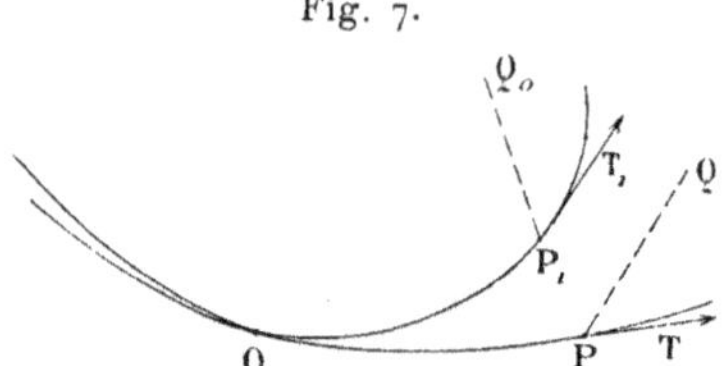

la courbe P (*fig.* 7), et Q_0 la position de Q quand la courbe P_1 touche P au point O : si l'on a

$$\text{arc}\, OP = \text{arc}\, OP_1,$$

nous pouvons considérer les points P et P_1 comme fonctions d'une même variable s, arc commun aux deux courbes. En

B.-F.

8

indiquant par T_1, ρ_1, pour P_1, les éléments que nous avons appelés T, ρ, relativement à P et supposant que le point P_1 prenne la position P après roulement d'un angle φ (fonction de s), on a

$$(5) \qquad T = e^{i\varphi}T_1, \qquad Q - P = e^{i\varphi}(Q_0 - P_1).$$

Prenons la dérivée de la première égalité; il vient, d'après la formule (1),

$$\frac{1}{\rho}iT = \frac{1}{\rho_1}e^{i\varphi}iT_1 + \frac{d\varphi}{ds}e^{i\varphi}iT_1.$$

ou, pour la première des formules (5),

$$(6) \qquad \frac{1}{\rho} - \frac{1}{\rho_1} = \frac{d\varphi}{ds},$$

et l'on retrouve ainsi la formule même due à Savary. Si nous dérivons maintenant la seconde formule (5), il vient

$$\frac{dQ}{ds} - T = -e^{i\varphi}T_1 + \frac{d\varphi}{ds}e^{i\varphi}i(Q_0 - P_1).$$

ou

$$\frac{dQ}{ds} = \left(\frac{1}{\rho} - \frac{1}{\rho_1}\right)i(Q - P),$$

qui démontre que, dans le cas $\frac{1}{\rho} \gtrless \frac{1}{\rho_1}$, la normale au point Q de la roulette décrite par Q est la droite qui joint le point Q au point de contact de la courbe mobile avec la courbe fixe.

2º Si le point P_1 décrit le lieu des centres de courbure de la courbe P on aura $P_1 = P + \rho iT$ et que l'on appelle s_1 et $\frac{1}{\rho_1}$ l'arc et la courbure en P_1 de la courbe P_1 avec T_1, $\frac{dP_1}{ds_1}$, nous aurons $\frac{dP_1}{ds} = \frac{d\rho}{ds}iT$; si ρ est une fonction croissante dans l'intervalle considéré, on a

$$(1) \qquad ds_1 = d\rho,$$

$$(2) \qquad T_1 = iT;$$

soient donc a et b deux valeurs de s, $(a < b)$; la formule (1) donne

$$s_1(b) - s_1(a) = \rho(b) - \rho(a),$$

qui montre que *l'arc* $P_1(a)P_1(b)$ *est égal à la différence des rayons de courbure aux points* $P(a)$ *et* $P(b)$. D'autre part, on peut, des formules (1) et (2), déduire

$$\frac{dT_1}{ds_1} = \frac{dT_1}{ds}\frac{ds}{ds_1} = -\frac{1}{\rho}\frac{ds}{d\rho}T = \frac{1}{\rho}\frac{ds}{d\rho}iT_1,$$

et, comme $d\rho$ est positif,

$$\rho_1 = \rho\frac{d\rho}{ds}.$$

3e Soit maintenant a un nombre constant : posons

$$P_1 = P + aT \qquad \text{et} \qquad P_2 = P + \rho iT.$$

On a

$$\frac{dP_1}{ds} = T + \frac{a}{\rho}iT$$

et, par suite,

$$(P_2 - P_1)i\frac{dP_1}{ds} = (\rho iT - aT)i\left(T + \frac{a}{\rho}iT\right) = \rho\frac{a}{\rho} - a = 0,$$

relation qui prouve que *la normale au point* P_1 *à la ligne* P_1 *passe par le centre de courbure au point correspondant* P *de la ligne* P (¹).

(¹) De même si le point P décrit une courbe gauche et si $P_1 = P + aT$, $P_2 = P + \rho N$, on a

$$(P_2 - P_1) \mid dP_1 = 0,$$

ce qui montre que le plan normal au point P_1 passe par le centre de courbure P_2 au point P.

4e Soit encore $P_1 = P + u_1 T$ (*fig.* 8), où u_1 est une fonc-

Fig. 8.

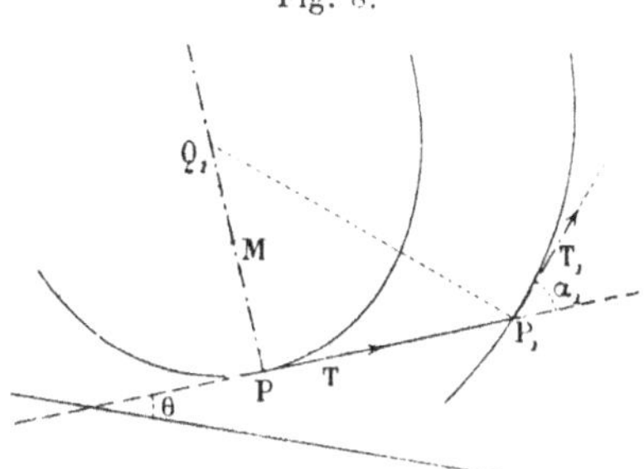

tion de l'arc s du lieu du point P : posons

$$\alpha_1 = \left(T, \frac{dP_1}{ds} \right), \qquad M = P + \rho i T, \qquad Q_1 = P + u_1 \cot \alpha_1 \, i T.$$

Comme

$$\frac{dP_1}{ds} = \left(1 + \frac{du_1}{ds} \right) T + \frac{u_1}{\rho} i T,$$

on aura

$$T \frac{dP_1}{ds} = \frac{u_1}{\rho} T i T, \qquad \text{ou} \qquad \left(\operatorname{mod} \frac{dP_1}{ds} \right) \sin \alpha_1 = \frac{u_1}{\rho};$$

mais, si s_1 est l'arc de la courbe décrite par le point P_1, on a

$$ds_1 = \left(\operatorname{mod} \frac{dP_1}{ds} \right) ds, \qquad \text{d'où} \qquad ds_1 = \frac{u_1}{\sin \alpha_1} \frac{ds}{\rho}$$

et

$$(1) \qquad\qquad ds_1 = \frac{u_1}{\sin \alpha_1} d\theta,$$

θ étant l'angle que fait le vecteur T avec un vecteur fixe du plan (*voir* ce numéro, partie **b**).

Étant $\frac{dP_1}{ds} \Big| T = 1 + \frac{du_1}{ds}$, on a

$$\left(\operatorname{mod} \frac{dP_1}{ds} \right) \cos \alpha_1 = 1 + \frac{du_1}{ds},$$

(si u_1 est une fonction croissante de s) et, en vertu des formules dont nous venons de faire usage pour déterminer la formule (1), on peut écrire aussi

$$(2) \qquad du_1 = (u_1 \cot\alpha_1 - \rho)d\theta.$$

En observant alors que Q_1 est le point de rencontre de la normale au point P avec la normale en P_1, et que M est le centre de courbure au point P, on a l'interprétation géométrique des formules (1), (2), puisque $\dfrac{u_1}{\sin\alpha_1}$, $u_1 \cot\alpha_1 - \rho$ sont les grandeurs des segments $P_1 Q_1$, $M Q_1$. Les formules (1), (2) sont dues à **M.** Mannheim (*Cours de Géométrie descriptive*) au Traité duquel nous renvoyons le lecteur pour les applications.

5e Supposons toujours que a est un nombre constant et posons $P_1 = P + aT$: quelle est la condition nécessaire et suffisante pour que le point P_1 décrive une ligne droite? Si $\dfrac{1}{\rho_1}$ est la courbure au point P_1, le lieu du point P_1 sera une ligne droite quand on aura $\dfrac{1}{\rho_1} = 0$ pour toutes les valeurs de s. On peut parvenir à cette condition en utilisant l'expression de dT_1, mais on trouve plus simplement le résultat en observant que le point P_1 décrit une ligne droite quand le vecteur dP_1 a une direction constante, c'est-à-dire (*voir* n° **37 h**) quand $\dfrac{dP_1}{ds} \dfrac{d^2 P_1}{ds^2} = 0$, pour toutes les valeurs de s. Or on a, puisque nous supposons $\dfrac{1}{\rho} \neq 0$,

$$\frac{dP_1}{ds} = T + \frac{a}{\rho} iT = \frac{1}{\rho}(\rho T + aiT),$$

$$\frac{d^2 P_1}{ds_2} = \frac{1}{\rho} iT - \frac{a}{\rho^2} T - \frac{a}{\rho^2}\frac{d\rho}{ds} iT = \frac{1}{\rho^2}\left[-aT + \left(\rho - a\frac{d\rho}{ds}\right) iT \right],$$

$$\frac{dP_1}{ds} \frac{d^2 P_1}{ds^2} = \frac{1}{\rho^3} \begin{vmatrix} \rho & a \\ -a & \rho - a\dfrac{d\rho}{ds} \end{vmatrix} TiT = \frac{1}{\rho^3}\left(\rho^2 + a^2 - a\rho\frac{d\rho}{ds}\right);$$

en sorte que le point P_1 décrit une ligne droite, quand, pour toute valeur de s,

$$(1) \qquad a\rho\,\frac{d\rho}{ds} = \rho^2 + a^2,$$

ou bien encore

$$\rho^2 + a^2 = a_0^2\, e^{\frac{2s}{a}},$$

a_0 étant une constante arbitraire non nulle.

Quelle que soit a_0, il existe une valeur de s pour laquelle $\rho = 0$, et comme les formules précédentes subsistent à la limite, pour $\rho = 0$, si l'on prend pour origine des arcs, le point correspondant à $\rho = 0$, on trouve précisément $a_0 = a$ comme valeur de la constante, de façon que la condition cherchée prenne la forme

$$(2) \qquad \rho^2 = a^2\left(e^{\frac{2s}{a}} - 1\right).$$

La courbe décrite par le point P_1, dont le rayon de courbure est donné par la formule (2), est une *tractrice* et le lieu de ses centres de courbure est une *chaînette;* le troisième exemple fournit de plus une construction géométrique très simple de la tractrice, quand la chaînette correspondante est connue, et réciproquement.

Dans une chaînette, appelons σ et $\dfrac{1}{\tau}$ l'arc et la courbure au point qui est précisément centre de courbure de la tractrice P_1 en P_1; le deuxième exemple nous indique que $d\sigma = d\rho$; mais, pour $s = 0$, on a $\rho = 0$, et en supposant simultanément $\sigma = 0$, on pourra écrire

$$(3) \qquad \sigma = \rho.$$

Cependant, le même exemple nous donne encore

$$\tau = \rho\,\frac{d\rho}{ds},$$

et la formule (1)

$$\tau = a + \frac{\rho^2}{a},$$

expression qui, comparée à la formule (3), donne finalement

$$\tau = a + \frac{\sigma^2}{a},$$

relation entre l'arc et le rayon de courbure d'une chaînette.

53. Torsion et rayon de torsion. — Si la ligne décrite par le point P n'est pas une ligne droite et que la fonction P satisfasse aux conditions énoncées au n° **51**, les vecteurs unités T, N sont déterminés et en posant, pour toute valeur de s,

$$(1) \qquad B(s) = |\, T(s)\, N(s),$$

le vecteur B ainsi défini est parallèle à la binormale au point P.

En admettant que $\frac{dB}{ds}$ soit une fonction bien déterminée de s, $\frac{dB}{ds}$ est un vecteur normal au vecteur B; c'est-à-dire parallèle au plan PTN osculateur en P, à moins, toutefois, que ce vecteur $\frac{dB}{ds}$ ne soit nul; étant donné encore que $B\,|\,T = 0$, on a

$$\frac{dB}{ds}\,\Big|\, T + B\,\Big|\, \frac{1}{\rho}\, N = \frac{dB}{ds}\,\Big|\, T = 0 \qquad (\text{car } B\,|\,N = 0),$$

et le vecteur $\frac{dB}{ds}$ est nul ou parallèle au vecteur N.

Nous représenterons par $\frac{1}{\tau}$ le nombre réel, positif, négatif ou nul, tel que

$$(2) \qquad \frac{dB}{ds} = \frac{1}{\tau}\, N.$$

La valeur absolue du nombre $\frac{1}{\tau}$ est alors le module du vecteur $\frac{dB}{ds}$, et on appelle *torsion de la courbe* P *au point* P, le nombre $\dfrac{1}{\tau}$, ou bien encore *rayon de torsion au point* P l'inverse de la torsion.

Théorème. — *Pour que la ligne* P *soit une courbe plane, il faut et il suffit que la torsion soit nulle, quelle que soit la valeur de s.*

Dém. — En effet, si la courbe est plane, B est un vecteur perpendiculaire au plan de la courbe et, par conséquent,

$$\frac{d\mathrm{B}}{ds} = 0 \qquad \text{ou} \qquad \frac{1}{\tau} = 0;$$

ce qui montre que la condition énoncée est bien nécessaire. D'autre part, supposons $\dfrac{1}{\tau} = 0$ pour toute valeur de s; B est un vecteur constant, et si, P_0 est un point fixe sur la ligne P, on aura

$$\frac{d}{ds}[(\mathrm{P} - \mathrm{P}_0) \mid \mathrm{B}] = \mathrm{T} \mid \mathrm{B} = 0;$$

c'est-à-dire que $(\mathrm{P} - \mathrm{P}_0) \mid \mathrm{B}$ est un nombre constant; mais, en faisant tendre P vers P_0, le vecteur $\mathrm{P} - \mathrm{P}_0$ tend vers un vecteur parallèle à T et, par suite, $(\mathrm{P} - \mathrm{P}_0) \mid \mathrm{B} = 0$, ce qui revient à dire que la courbe P est tracée sur le plan $\mathrm{P}_0 \mid \mathrm{B}$: la condition est donc bien suffisante.

54. Formules de Frenet. — Relativement aux vecteurs T, N, B dont la signification géométrique est connue, nous avons les formules

$$(1) \qquad \mathrm{T}^2 = \mathrm{N}^2 = \mathrm{B}^2 = 1.$$

$$(2) \qquad \mathrm{N} \mid \mathrm{B} = \mathrm{B} \mid \mathrm{T} = \mathrm{T} \mid \mathrm{N} = 0.$$

$$(3) \qquad \mathrm{T} = \mid \mathrm{NB}, \qquad \mathrm{N} = \mid \mathrm{BT}, \qquad \mathrm{B} = \mid \mathrm{TN},$$

qui expriment que **T**, **N**, **B** sont des vecteurs unités (1), perpendiculaires entre eux deux à deux (2); le trivecteur TNB est d'ailleurs positif et égal à $\frac{1}{6}\omega$, et comme nous supposons implicitement

$$\frac{d\mathrm{P}}{ds} = \mathrm{T}$$

pour définir le signe **T**, il vient

$$(4) \quad \begin{cases} \dfrac{d\mathrm{T}}{ds} = \dfrac{1}{\rho}\,\mathrm{N}, \\[2mm] \dfrac{d\mathrm{B}}{ds} = \dfrac{1}{\tau}\,\mathrm{N}, \\[2mm] \dfrac{d\mathrm{N}}{ds} = -\dfrac{1}{\rho}\,\mathrm{T} - \dfrac{1}{\tau}\,\mathrm{B} \quad (^1). \end{cases}$$

Les deux premières de ces formules sont déjà connues [n° **51**, formule (3) et n° **53**, formule (2)] et pour démontrer la troisième, il suffit de considérer l'expression $\mathrm{N} = |\,\mathrm{BT}$, d'où l'on déduit immédiatement que

$$\frac{d\mathrm{N}}{ds} = \left|\,\mathrm{B}\,\frac{1}{\rho}\,\mathrm{N} + \right|\frac{1}{\tau}\,\mathrm{NT} = \frac{1}{\rho}\left|\,\mathrm{BN} + \frac{1}{\tau}\,\right|\mathrm{NT} = -\frac{1}{\rho}\,\mathrm{T} - \frac{1}{\tau}\,\mathrm{B}.$$

En représentant par **I, J, K** trois vecteurs unités rectangulaires, on peut écrire, en partant des formules (4),

$$(5) \quad \begin{cases} \dfrac{d}{ds}\cos(\mathrm{T},\mathrm{I}) = \dfrac{1}{\rho}\cos(\mathrm{N},\mathrm{I}), \\[2mm] \dfrac{d}{ds}\cos(\mathrm{T},\mathrm{J}) = \dfrac{1}{\rho}\cos(\mathrm{N},\mathrm{J}), \\[2mm] \dfrac{d}{ds}\cos(\mathrm{T},\mathrm{K}) = \dfrac{1}{\rho}\cos(\mathrm{N},\mathrm{K}), \\[2mm] \dfrac{d}{ds}\cos(\mathrm{B},\mathrm{I}) = \dfrac{1}{\tau}\cos(\mathrm{N},\mathrm{I}), \\[2mm] \dots\dots\dots\dots\dots\dots\dots, \\[2mm] \dfrac{d}{ds}\cos(\mathrm{N},\mathrm{I}) = -\dfrac{1}{\rho}\cos(\mathrm{T},\mathrm{I}) - \dfrac{1}{\tau}\cos(\mathrm{B},\mathrm{I}), \\[2mm] \dots\dots\dots\dots\dots\dots\dots\dots\dots, \end{cases}$$

(^{1}) Les équations linéaires (4) montrent qu'une courbe est déterminée à la position près, quand on possède, en fonction de l'arc, les expressions de la courbure et de la torsion $\frac{1}{\rho}$ et $\frac{1}{\tau}$. En effet, en prenant deux vecteurs unités rectan-

car, par exemple,

$$\frac{d\mathrm{T}}{ds}\Big|\,\mathrm{I} = \frac{\mathrm{I}}{\rho}\,\mathrm{N}\,\Big|\,\mathrm{I},$$

ou

$$\frac{d}{ds}(\mathrm{T}\,|\,\mathrm{I}) = \frac{\mathrm{I}}{\rho}(\mathrm{N}\,|\,\mathrm{I}).$$

Les formules (4), connues sous la forme (5), sont dues à Frenet, bien que souvent appelées *formules de Serret*.

55. Indicatrice sphérique et angle de contingence. — Soient $\mathrm{I}(t)$ un vecteur unité à dérivée non nulle dans l'intervalle considéré et O un point fixe; si l'on pose

$$Q = O + \mathrm{I},$$

le point Q décrit sur la surface sphérique de centre O avec l'unité pour rayon une courbe Q dite *indicatrice sphérique du vecteur* I; dans le cas particulier où le vecteur I est parallèle à un plan fixe, la courbe Q est un arc de cercle maximum sur la sphère. Si l'on représente par φ l'arc décrit par le point Q, on aura

$$(1) \qquad\qquad d\varphi = \operatorname{mod} d\mathrm{P}.$$

Si T, N, B sont les vecteurs déjà considérés relativement à la courbe P, et si nous posons d'une manière analogue

$$Q_1 = O + T, \qquad Q_2 = O + B, \qquad Q_3 = O + N,$$

les points Q_1, Q_2, Q_3 décriront, respectivement, les *indicatrices sphériques* de la *tangente*, de la *binormale* et de la *normale principale* de la courbe P, courbes dont les arcs φ_1, φ_2, φ_3, en vertu de la formule (1) et des formules de Frenet,

---

gulaires T_0 et N_0 et posant $B_0 = |\,T_0 N_0$, on peut exprimer T, N, B en fonction des constantes T_0, N_0, B_0, par des développements en séries convergentes [*voir* G. Peano, *Integrazione per serie delle equazioni differenziali lineari* (*Atti Acc. Torino*, 1887)] : donc, si P_0 est un point fixe, on a $P = P_0 + \int T\,ds$ et la courbe P est déterminée, à la position près; elle passe par le point P_0 et les droites $P_0 T_0$, $P_0 N_0$, $P_0 B_0$ sont respectivement la tangente, la normale principale et la binormale en ce point.

sont donnés par les équations

$$d\varphi_1 = \frac{1}{\rho}\, ds,$$

$$d\varphi_2 = \frac{1}{\operatorname{mod}\tau}\, ds,$$

$$d\varphi_3 = \sqrt{\frac{1}{\rho^2} + \frac{1}{\tau^2}}\, ds,$$

dont les deux premières fournissent une interprétation géométrique de la courbure et du module de la torsion au moyen des indicatrices sphériques de tangentes et de binormales à la courbe P. Pour plus de symétrie encore, nous dirons que $\frac{1}{\rho}$ et $\frac{1}{\tau}$ sont la *première* et la *deuxième courbure* de la courbe P au point P, ce qui nous conduit naturellement à désigner par $\frac{1}{\lambda}$ la *troisième courbure* (ou *courbure normale*) en posant

$$\frac{1}{\lambda} = \sqrt{\frac{1}{\rho^2} + \frac{1}{\tau^2}}$$

avec le choix du signe $+$ devant le radical. La dernière des trois formules précédentes exprime alors que l'arc élémentaire de l'indicatrice sphérique des normales principales au point correspondant du point P est égal au produit par ds de la troisième courbure en P.

Mais revenons un instant au vecteur I pour appeler aussi $d\varphi$ l'*angle de contingence* du vecteur I, ce que l'on exprime habituellement en disant que le vecteur I fait l'angle $d\varphi$ avec le vecteur infiniment voisin $I(t + dt)$; au reste, la signification exacte de ces mots n'est autre que celle qui est exprimée par la formule (1) et l'interprétation géométrique est fournie par l'indicatrice sphérique du vecteur I. Si, en particulier, le vecteur I est parallèle à un plan fixe, $d\varphi$ représente l'angle formé par dI avec un vecteur fixe du plan.

Nous dirons que l'angle de contingence du vecteur $J(t)$, supposé différent de zéro, ainsi que sa dérivée, dans l'intervalle considéré, est l'angle de contingence du vecteur unité

$\dfrac{J}{\mathrm{mod}\,J}$. Si nous représentons par $d\psi$ l'angle de contingence du vecteur J, on a

$$(1)' \qquad d\psi = \frac{\mathrm{mod}(J\,dJ)}{(\mathrm{mod}\,J)^2}.$$

En effet, le vecteur dI est perpendiculaire au vecteur I et $\mathrm{mod}(I\,dI) = \mathrm{mod}\,dI$; alors la formule (1) donne

$$d\varphi = \mathrm{mod}(I\,dI),$$

et, en posant $J = (\mathrm{mod}\,J)I$,

$$dJ = (\mathrm{mod}\,J)\,dI + (d\,\mathrm{mod}\,J)I,$$

ou

$$J\,dJ = (\mathrm{mod}\,J)^2 I\,dI;$$

d'ailleurs, par définition, $d\psi = d\varphi$, ce qui établit la formule $(1)'$ dont nous aurons à donner des applications au Chapitre suivant.

CHAPITRE III.

APPLICATIONS.

Nous allons montrer, dans ce Chapitre, combien les formules de Frenet se prêtent aisément à la recherche des principales propriétés des courbes et surfaces réglées relatives à une courbe.

Les hypothèses et conventions que nous allons conserver dans tout ce Chapitre sont les suivantes : les vecteurs T, N, B sont déterminés, ainsi que leurs dérivées, en tout point de la courbe considérée : le nombre $\frac{1}{\rho}$ (courbure) ne s'annule point si la courbe n'est pas une droite : de même, si la courbe n'est pas une courbe plane, le nombre $\frac{1}{\rho}$ (torsion) est toujours non nul ([1]) : enfin les notations s_1, T_1, N_1, B_1, φ_1, τ_1 seront affectées à un point P_1 avec la signification même qu'elles possédaient, sans accents, pour la courbe P.

§ 1. — HÉLICE.

56. Si le point P décrit une courbe plane, le vecteur B, parallèle à la binormale, est toujours perpendiculaire au plan de

---

([1]) Notre but n'est pas d'étudier les points singulaires ; avec les restrictions que nous venons d'énoncer, nous excluons, au juste, les points singuliers sur la courbe P.

la courbe et, par conséquent, la droite PB décrit une surface cylindrique dont la courbe P est une section droite; un point quelconque P_1 de la surface cylindrique engendrée par la droite PB est donné par la relation $P_1 = P + u B$. Les nombres s, u, qui déterminent la position de P_1 sur la surface, sont appelés *coordonnées de* P_1 en prenant la courbe P elle-même comme axe coordonné et le point P_0 ($s_0 = 0$) pour origine des coordonnées : le nombre s est l'*abscisse* et le nombre u l'*ordonnée* du point P_1; en particulier, si u est une fonction de s, le point P_1 décrit une courbe sur la surface cylindrique lorsque s varie.

En considérant un système plan de coordonnées cartésiennes rectangulaires, nous pouvons, au point P_1 du cylindre, faire correspondre le point du plan dont les coordonnées sont s et u et réciproquement; et le fait qu'une semblable correspondance est établie peut s'exprimer en disant que l'on développe la surface cylindrique sur le plan ([1]).

57. On appelle *hélice* toute courbe tracée sur un cylindre et coupant sous un angle constant les génératrices de ce cylindre, sauf les cas très particuliers où cet angle est nul ou égal à $\frac{\pi}{2}$; le développement du cylindre sur un plan transforme alors une hélice en une droite.

Théorème I. — *L'ordonnée d'un point quelconque d'une hélice tracée sur le cylindre PB est proportionnelle à son abscisse; réciproquement, toute courbe tracée sur le cy-*

([1]) Soient O un point fixe et $I(t)$ un vecteur unité dont la dérivée n'est pas nulle; un point quelconque P de la surface conique engendrée de la droite OI est donné par la relation $P = O + uI$, et si u est une fonction de t, le point P décrit une courbe sur la surface conique lorsque t varie. Si O_1 est un point fixe et J un vecteur unité constant d'un plan fixe, en posant

$$P_1 = O_1 + u e^{i\varphi} J \qquad \text{avec} \qquad d\varphi = \text{mod} \, dI \quad (\textit{voir} \; n^o \; \textbf{55}),$$

nous représentons le cône OI sur le plan fixe, et, comme pour le cylindre, nous disons qu'on développe le cône sur le plan, car

$$\text{mod} \, dP = \text{mod} \, dP_1 = \sqrt{du^2 + (u \, \text{mod} \, dI)^2}.$$

lindre **PB** *est une hélice si l'ordonnée d'un point quelconque est proportionnelle à son abscisse.*

Dém. — Nous avons dit que, si u est fonction de s, le point

$$P_1 = P + u B$$

décrit une ligne sur le cylindre ; en prenant la dérivée des deux membres de cette équation, dans laquelle B figure un vecteur constant, il vient

$$\frac{dP_1}{ds} = T + \frac{du}{ds} B.$$

Si φ est l'angle constant sous lequel la courbe P_1 coupe les génératrices du cylindre

$$\operatorname{tang} \varphi = \frac{\operatorname{mod}(dP_1) B}{dP_1 \mid B} = \frac{\operatorname{mod} BT}{du} ds = \frac{ds}{du},$$

ou

$$du = \cot \varphi \, ds.$$

En supposant, à l'origine, $s = 0$, que le point P_1 coïncide avec le point P_0, on aura l'équation

$$u = s \cot \varphi,$$

qui montre bien que l'ordonnée (u) est proportionnelle à l'abscisse (s) en tout point de l'hélice décrite par P_1.

Réciproquement, si $u = as$ $(a \neq 0)$, le point P_1 décrira une courbe qui coupe les génératrices sous un angle dont la cotangente est a, c'est-à-dire le point P_1 décrira précisément une hélice.

Remarque. — Soit P_1 un point de l'hélice qui coupe sous l'angle constant φ les génératrices du cylindre PB ; on a

$$(1) \qquad P_1 = P + s \cot \varphi \, B,$$

d'où

$$(2) \qquad \frac{dP_1}{ds} = T + \cot \varphi \, B ;$$

mais, en appelant s_1 l'arc de la courbe P_1,

$$ds_1 = \operatorname{mod} dP_1 = \sqrt{1 + \cot^2 \varphi}\, ds$$

et

$$(3) \qquad\qquad ds = \sin \varphi\, ds_1,$$

on a $s = s_1 \sin \varphi$, qui permet de construire s_1, étant donnés s et φ.

Théorème II. — *En tout point de l'hélice* P_1, *le rapport entre la courbure et la torsion est constant, et réciproquement si, en chaque point d'une courbe, le rapport de la courbure à la torsion est constant, cette courbe est une hélice.*

Dém. — On a, en effet,

$$T_1 = \frac{dP_1}{ds} = \frac{dP_1}{ds}\,\frac{ds}{ds_1};$$

et, en vertu des formules (2), (3),

$$(4) \qquad\qquad T_1 = \sin \varphi\, T + \cos \varphi\, B;$$

or, $\dfrac{dT_1}{ds} = \dfrac{\sin \varphi}{\rho}\, N$ entraîne $\dfrac{dT_1}{ds_1} = \dfrac{\sin^2 \varphi}{\rho}$, et si ρ_1 est le rayon de courbure au point P_1,

$$(5) \qquad\qquad \rho_1 = \frac{\rho}{\sin^2 \varphi}; \qquad \text{comme} \qquad N_1 = N.$$

Pour le vecteur B_1, on a

$$B_1 = T_1 N_1 = (\sin \varphi\, T + \cos \varphi\, B) N = \sin \varphi\, |TN + \cos \varphi\,|BN,$$

d'où

$$(6) \qquad\qquad B_1 = \sin \varphi\, B - \cos \varphi\, T.$$

Or la dérivée de B_1 par rapport à s_1 est

$$\frac{dB_1}{ds_1} = - \frac{\sin \varphi \cos \varphi}{\rho}\, N,$$

et, tenant compte de la définition de $\frac{1}{\tau_1}$ et de la seconde des formules (5), il vient

$$(7) \qquad \tau_1 = -\frac{\rho}{\sin\varphi\cos\varphi},$$

formule qui, comparée à (5), prouve bien que $\frac{\rho_1}{\tau_1} = -\cot\varphi$, c'est-à-dire que le rapport de la courbure à la torsion est constant en tout point P_1 de la courbe P_1.

Réciproquement, si pour chaque point d'une courbe P_1

$$\frac{\rho_1}{\tau_1} = a \qquad (a \text{ constant}),$$

les deux premières formules de Frenet donnent

$$a\frac{dT_1}{ds_1} = \frac{dB_1}{ds_1},$$

c'est-à-dire

$$aT_1 - B_1 = K,$$

où K est un vecteur constant bien déterminé, de module $\sqrt{1+a^2}$; on en déduit $K\,|\,T_1 = a$, qui exprime la constance de l'angle (T_1, K) et, par suite, que la courbe P_1 est une hélice tracée sur le cylindre décrit par la droite P_1K.

Théorème III. — *En tout point* P_1 *d'une hélice tracée sur le cylindre* PB, *la binormale est normale au cylindre en* P_1 *et réciproquement, si en chaque point d'une courbe* P_1 *du cylindre* PB *la binormale est normale au cylindre en* P_1, *cette courbe* P_1 *est une hélice.*

Dém. — Si la courbe P_1 est une hélice du cylindre PB, la normale P_1N_1 au point P_1 est parallèle au vecteur N, c'est-à-dire perpendiculaire au plan tangent au cylindre en P_1.

Réciproquement, si en chaque point P_1 d'une courbe P_1 tracée sur le cylindre, le vecteur N_1 est parallèle à la normale au cylindre en P_1, il sera perpendiculaire à B, c'est-à-dire $N_1\,|\,B = 0$, ou $\frac{1}{\rho_1}N_1\,|\,B = 0$, ou, en vertu de la première formule de Frenet, $\frac{dT_1}{ds_1}\,\Big|\,B = 0$; mais $\frac{d}{ds_1}(T_1\,|\,B) = \frac{dT_1}{ds_1}\,\Big|\,B$, donc

B.-F.

$T_1 \mid B = $ const., c'est-à-dire que le vecteur T_1 fait précisément un angle constant avec le vecteur B, ou bien encore que la courbe P_1 est une hélice puisqu'elle coupe les génératrices du cylindre sous un angle constant.

58. L'hélice considérée est dite *ordinaire* ou *circulaire* quand le cylindre sur lequel elle est tracée est de révolution.

Théorème. — *L'hélice ordinaire est la seule courbe gauche à courbure et à torsion constantes* (Théorème de Puiseux).

Dém. — Si le point P décrit un cercle, ρ est constant et les formules (5), (7) du numéro précédent montrent bien que *l'hélice ordinaire est une courbe gauche dont la courbure et la torsion sont constantes.*

Réciproquement, si ρ_1 et τ_1 sont constants pour une courbe P_1, le rapport $\dfrac{\rho_1}{\tau_1}$ sera également constant et le point P_1 décrit une hélice; la formule (5) donne alors $\rho =$ const., c'est-à-dire (*voir* n° **52 c**) que le point P décrit un cercle, et l'hélice P_1 est une hélice ordinaire.

a. Soient O un point fixe, I un vecteur unité fixe d'un plan donné et r un nombre constant. Si $P = O + re^{i\theta}I$, la droite PB décrit un cylindre de révolution ayant pour axe la droite OB, pour section droite un cercle de centre O et de rayon r. Étant $s = r\theta$, le point

$$P_1 = O + re^{i\theta}I + r\theta \cot\varphi\, B$$

décrit une hélice ordinaire.

Les points $P_1(o)$, $P_1(2\pi)$ (où θ est la variable indépendante) sont situés sur la génératrice du cylindre qui passe au point $P_1(o)$, et leur distance est appelée *pas* de l'hélice; or nous avons

$$P_1(o) = O + rI,$$

$$P_1(2\pi) = O + rI + 2\pi r \cot\varphi\, B,$$

et

$$\mathrm{mod}\, P_1(o)P_1(2\pi) = \pm\, 2\pi r \cot\varphi,$$

selon que $\varphi < \dfrac{\pi}{2}$ ou $\varphi > \dfrac{\pi}{2}$. Le nombre $\pm r \cot\varphi$ est dit *pas réduit* et on l'obtient en divisant le pas par 2π.

b. La dérivée de P_1 par rapport à θ

$$P'_1 = re^{i\theta}i\mathrm{I} + r\cot\varphi\, \mathrm{B}$$

donne une construction fort simple de la tangente au point P_1 en faisant usage du pas réduit $\pm r \cot\varphi$.

c. La droite $P_1 P'_1$ décrit une surface développable qu'on appelle *hélicoïde développable ordinaire;* si a est un nombre constant,

$$P_2 = P_1 + a P'_1$$

décrit une courbe tracée sur la surface hélicoïdale $P_1 P'_1$ et, étant d sa distance à la droite OB, on a

$$\frac{1}{2}\operatorname{mod}(\mathrm{OB}).d = \operatorname{mod}P_2\,\mathrm{OB}, \qquad \text{ou} \qquad d = 2\operatorname{mod}P_2\,\mathrm{OB}.$$

Mais

$$P_2\,\mathrm{OB} = P_1\,\mathrm{OB} + a P'_1\,\mathrm{OB} = r\,\mathrm{OB}(e^{i\theta}\mathrm{I}) + ar\,\mathrm{OB}(e^{i\theta}i\mathrm{I}),$$

donc

$$d = 2r\sqrt{1+a^2}.$$

Le point P_2 décrit par conséquent une courbe tracée sur un cylindre de révolution d'axe OB et pour lequel le rayon de la section droite est $r\sqrt{1+a^2}$. On a

$$P'_2 = P'_1 + a P''_1\,;$$

mais $P'_1\,|\,\mathrm{B} = r\cot\varphi$, $P''_1\,|\,\mathrm{B} = 0$, par suite

$$P'_2\,|\,\mathrm{B} = r\cot\varphi,$$

c'est-à-dire que le point P_2 décrit une hélice.

Le pas de l'hélice du point P_2 est le module du vecteur $P_2(2\pi) - P_2(0)$ et, puisque

$$P'_1(0) = P'_1(2\pi),$$

on a

$$P_2(2\pi) - P_2(o) = P_1(2\pi) - P_1(o),$$

ce qui prouve l'égalité de pas des hélices décrites par P_1 et P_2.

d. Si l'on pose $Q = O + (a + r\theta\cot\varphi)B$, la droite QP_1 décrit un hélicoïde gauche ordinaire dont la droite OB est la ligne de striction; il est à plan directeur si $a = o$, et à cône directeur si $a \neq o$.

D'autre part, $P_1 - Q = re^{i\theta}I - aB$ ou $\mod QP_1 = \sqrt{r^2 + a^2}$, et le point $P_2 = Q + b(P_1 - Q)$, où b est un nombre constant, décrit une hélice tracée sur un cylindre d'axe OB et dont le pas est égal à celui de l'hélice décrite par le point P_1.

§ 2. — SURFACES RÉGLÉES RELATIVES A UNE COURBE.

Lorsque s varie, les plans PNB, PBT sont tangents à deux surfaces développables qu'on appelle *surface polaire* et *surface rectifiante* de la courbe **P**; de même les droites PN, PB engendrent des surfaces réglées qu'on appelle respectivement *surface des normales principales* et *surface des binormales* de la courbe **P**. La droite PT décrit, comme nous l'avons déjà vu, la développable osculatrice de la courbe P, qui est encore l'enveloppe des plans PTN.

Ce sont précisément les surfaces que nous nous proposons actuellement d'étudier.

59. Surface polaire. — Posons

$$\alpha = \text{PNB},$$

et prenons la dérivée (formules de **Frenet**)

$$\frac{d\alpha}{ds} = \text{TNB} - \text{P}\left(\frac{1}{\rho}\text{T} + \frac{1}{\tau}\text{B}\right)\text{B} + \frac{1}{\tau}\text{PNN} = \text{TNB} + \frac{1}{\rho}\text{PBT},$$

ou

$$(1) \qquad\qquad \frac{d\alpha}{ds} = \frac{1}{\rho}(\text{P} + \rho\text{N})\text{BT},$$

c'est-à-dire que le plan $\dfrac{d\alpha}{ds}$ est parallèle au plan rectifiant en **P**.

La caractéristique de l'enveloppe α dans le plan α, ou la génératrice de la surface polaire qui correspond au point **P**, est la droite $\alpha\dfrac{d\alpha}{ds}$, ou bien encore, d'après la formule (1), la droite $(\mathrm{P}+\rho\mathrm{N})\mathrm{B}$.

Donc :

La génératrice de la surface polaire, qui correspond au point **P**, *passe par le centre de courbure* $\mathrm{P}+\rho\mathrm{N}$, *parallèlement à la binormale.*

Pour déterminer l'arête de rebroussement de la surface polaire, on peut considérer cette surface comme engendrée par la droite

$$a = (\mathrm{P}+\rho\mathrm{N})\mathrm{B}$$

et développer, sur le plan PNB, le produit régressif $a\dfrac{da}{ds}$; or

$$\frac{da}{ds} = \frac{1}{\tau}(\mathrm{P}+\rho\mathrm{N})\mathrm{N} + \left(\mathrm{T}-\mathrm{T}-\frac{\rho}{\tau}\mathrm{B}+\frac{d\rho}{ds}\mathrm{N}\right)\mathrm{B} = \frac{1}{\tau}\mathrm{PN} - \frac{d\rho}{ds}\mathrm{BN}$$

et, si la courbe **P** est gauche $\left(\dfrac{1}{\tau}\neq 0\right)$,

$$\frac{da}{ds} = \frac{1}{\tau}\left(\mathrm{P}-\tau\frac{d\rho}{ds}\mathrm{B}\right)\mathrm{N} :$$

la droite $\dfrac{da}{ds}$ est ainsi parallèle à la normale principale au point **P**, sa distance à la droite PN est $-\tau\dfrac{d\rho}{ds}$, et, par conséquent, le point $\mathrm{P}+\rho\mathrm{N}-\tau\dfrac{d\rho}{ds}\mathrm{B}$ est commun aux droites a et $\dfrac{da}{ds}$, c'est-à-dire que *l'arête de rebroussement de la surface polaire est décrite par le point* $\mathrm{P}+\rho\mathrm{N}-\tau\dfrac{d\rho}{ds}\mathrm{B}.$

a. Si la courbe **P** est plane, la surface polaire est un cylindre; la section droite est le lieu des centres de courbure $\mathrm{P}+\rho\mathrm{N}$ de la courbe **P**.

b. La sphère de centre $P + \rho N - \tau \dfrac{d\rho}{ds} B$, qui passe par le point P, est appelée *sphère osculatrice* de la courbe P au point P : c'est la position limite de la sphère déterminée par quatre points de la courbe qui tendent vers P. Le cercle de centre $P + \rho N$ (centre de courbure) qui passe par le point P est appelé, par analogie, *cercle osculateur* de la courbe P au point P.

c. Nous dirons que la courbe P est une *courbe sphérique* quand elle est tracée sur une sphère. Pour que la courbe P soit une courbe sphérique, il est nécessaire et suffisant que le point $P + \rho N - \tau \dfrac{d\rho}{ds} B$ soit un point fixe, condition que l'on peut écrire

$$\frac{d}{ds}\left(P + \rho N - \tau \frac{d\rho}{ds} B \right) = 0,$$

ou, d'une manière équivalente,

$$\frac{\rho}{\tau} + \frac{d}{ds}\left(\tau \frac{d\rho}{ds} \right) = 0.$$

60. Surface rectifiante. — Posons

$$\alpha = PBT;$$

les formules de Frenet donnent

$$\frac{d\alpha}{ds} = - \frac{1}{\rho\tau} P(\rho\, TN + \tau NB).$$

La droite $\alpha \dfrac{d\alpha}{ds}$ est la génératrice de la rectifiante qui correspond au point P, situé d'ailleurs dans les plans α, $\dfrac{d\alpha}{ds}$, c'est-à-dire que *la surface rectifiante contient la courbe* P.

Pour déterminer une forme du deuxième ordre dont la position décrive la surface rectifiante, il suffit alors de déterminer le produit régressif des bivecteurs des formes α, $- \dfrac{d\alpha}{ds}$; ces bivecteurs BT, $\rho\, TN + \tau NA$ sont tels que

$$BT(\rho\, TN + \tau NB) = TNB(\rho\, T - \tau B),$$

et si a est une forme du deuxième ordre qui engendre la rectifiante, on peut poser

$$a = \mathrm{P}(\rho\mathrm{T} - \tau\mathrm{B}).$$

Le déterminant

$$\delta = \begin{vmatrix} \rho & \tau \\ \dfrac{d\rho}{ds} & \dfrac{d\tau}{ds} \end{vmatrix}$$

s'annule quand $\dfrac{\rho}{\tau}$ est une constante et, réciproquement, si les conditions que nous avons imposées à ρ et τ sont satisfaites.

Nous aurons $(\rho\mathrm{T} - \tau\mathrm{B})\dfrac{d}{ds}(\rho\mathrm{T} - \tau\mathrm{B}) = -\delta\mathrm{TB}$, et puisque la condition $(\rho\mathrm{T} - \tau\mathrm{B})\dfrac{d}{ds}(\rho\mathrm{T} - \tau\mathrm{B}) = 0$, ou $\delta = 0$, ou $\dfrac{\rho}{\tau} = \text{const.}$, quel que soit s, exprime que la direction du vecteur $\rho\mathrm{T} - \tau\mathrm{B}$ est constante :

L'hélice est la seule courbe gauche ayant un cylindre pour surface rectifiante.

En développant le produit régressif $a\dfrac{da}{ds}$, sur le plan PBT, on obtient une forme du premier ordre de la même position que la forme

$$\tau(\rho\mathrm{T} - \tau\mathrm{B}) + \delta\mathrm{P},$$

et, par conséquent,

Si pour toute valeur de s, $\delta \neq 0$, l'arête de rebroussement de la surface rectifiante est décrite par le point $\mathrm{P} + \dfrac{\rho\tau}{\delta}\mathrm{T} - \dfrac{\tau^2}{\delta}\mathrm{B}$.

Soit encore φ l'angle du vecteur T et de la génératrice de la rectifiante, parallèle au vecteur $\rho\mathrm{T} - \tau\mathrm{B}$, qui passe en P, on a

$$\tan g\,\varphi = \pm\frac{\tau}{\rho},$$

d'où

$$(1) \qquad d\varphi = \pm\frac{\delta}{\rho^2 + \tau^2}\,ds,$$

et si ψ est l'angle de contingence du vecteur $\rho T - \tau B$,

$$(2) \qquad d\psi = \frac{\mod(\rho T - \tau B)\dfrac{d}{ds}(\rho T - \tau B)}{[\mod(\rho T - \tau B)]^2}\,ds = \frac{\delta}{\rho^2 + \tau^2}\,ds.$$

En développant la surface rectifiante sur un plan, l'angle φ ne change point et ψ devient l'angle que fait avec une droite fixe du plan la transformée de la génératrice; mais les formules (1), (2) donnent $d\psi = \pm\, d\varphi$ ou $\psi \mp \varphi = \mathrm{const.}$ Donc :

La courbe P *se transforme en une droite en développant la surface rectifiante sur un plan* ([1]). (Théorème de Lancret.)

61. Surface des normales principales. — Si nous posons

$$a = PN,$$

il vient

$$\frac{da}{ds} = TN + P\frac{dN}{ds} = -\frac{1}{\rho}\,PT - \frac{1}{\tau}\,PB + TN,$$

et, par suite,

$$\frac{da}{ds}\frac{da}{ds} = 2\,TNP\frac{dN}{ds} = -\frac{2}{\tau}\,PTNB :$$

La surface des normales principales d'une courbe gauche est une surface gauche réglée et réciproquement.

Le plan tangent de la surface des normales au point P est le plan $P\dfrac{da}{ds} = $ plan PTN; par conséquent :

Le plan osculateur en P *à la courbe* P *est tangent à la surface des normales au point* P, *ou, en d'autres termes, la développable osculatrice de la courbe* P *et la surface des normales principales se raccordent tout le long de la courbe* P.

([1]) En effet, si le point P décrit une ligne plane, le point $P_1 = P + uT$ décrira une ligne droite quand le vecteur dP_1 fait un angle constant θ_1 avec un vecteur fixe I du plan (n° **52, b** et n° **50**); or si θ est l'angle que fait T avec I et α l'angle de T avec dP_1, la condition $d\theta_1 = 0$ équivaut à $d\theta = \pm\, d\alpha$.

De même, puisque le plan tangent à la surface des normales au centre de courbure $P + \rho N$ est

$$(P + \rho N)\frac{da}{ds} = \text{plan } PNB :$$

La surface des normales et la surface polaire se raccordent suivant le lieu du centre de courbure de la courbe P.

Le plan asymptotique pour la génératrice a n'est autre que le plan $a.\frac{da}{ds}\omega$; or

$$\frac{da}{ds}\omega = -\frac{1}{\rho}T - \frac{1}{\tau}B,$$

donc

$$a.\frac{da}{ds}\omega = P\left(\frac{1}{\rho}TN - \frac{1}{\tau}NB\right);$$

le bivecteur de la forme $a.\frac{da}{ds}\omega$ est ainsi $\frac{1}{\rho}TN - \frac{1}{\tau}NB$, dont l'index est le vecteur $\frac{1}{\rho}B - \frac{1}{\tau}T$, parallèle au vecteur $\rho T - \tau B$. Par conséquent :

Le plan asymptotique pour la génératrice de la surface des normales qui passe en P est perpendiculaire à la génératrice de la surface rectifiante qui passe par le même point P.

Comme le point central de la génératrice a est

$$\left[a\,\middle|\,\left(a\omega.\frac{da}{ds}\omega\right)\right]\frac{da}{ds},$$

si l'on développe le produit progressif et régressif

$$\left[a\,\middle|\,\left(a\omega.\frac{da}{ds}\omega\right)\right]\frac{da}{ds} = -\frac{1}{6}\left[\left(\frac{1}{\rho^2} + \frac{1}{\tau^2}\right)P + \frac{1}{\rho}N\right],$$

il vient :

La ligne de striction de la surface des normales peut être considérée comme décrite par le point $P + \frac{\lambda^2}{\rho}N$, pour lequel $\frac{1}{\lambda} = \sqrt{\frac{1}{\rho^2} + \frac{1}{\tau^2}}$ est l'expression de la courbure normale.

Si nous posons $P_1 = P + \dfrac{\lambda^2}{\rho} N$, on a

$$\frac{dP_1}{ds} = \left(\frac{d}{ds} \frac{\lambda^2}{\rho} \right) N - \frac{\lambda^2}{\tau} \left(\frac{1}{\rho} B - \frac{1}{\tau} T \right),$$

ou bien encore

$$\frac{dP_1}{ds} = \left(\frac{d}{ds} \frac{\lambda^2}{\rho} \right) N - \frac{\lambda^2}{\tau} \left| N \frac{dN}{ds} \right.,$$

donc (*voir* n° **46, d**) :

Le paramètre de distribution de la génératrice **PN** *est le nombre* $\dfrac{\lambda^2}{\tau}$·

62. Surface des binormales. — Si nous posons

$$a = PB,$$

il vient

$$\frac{da}{ds} = TB + \frac{1}{\tau} PN,$$

et, par suite,

$$\frac{da}{ds} \frac{da}{ds} = - \frac{2}{\tau} PTNB,$$

et :

La surface des binormales d'une courbe gauche est une surface gauche réglée, et réciproquement.

Puisque, d'ailleurs, le plan $P \dfrac{da}{ds} = $ plan **PTB** est tangent en P à la surface des binormales, on peut encore dire :

La surface des binormales et la surface rectifiante d'une courbe **P** *se raccordent suivant la courbe* **P**.

Le plan asymptotique pour la génératrice a est

$$\text{plan } a.\frac{da}{ds} \omega = \text{plan PB} \left(\frac{1}{\tau} N \right) = \text{plan PNB},$$

et, par suite :

Les plans asymptotiques de la surface des binormales sont

plans normaux de la courbe **P**, ou, en d'autres termes, *la surface des binormales et la surface polaire se raccordent tout le long de leurs courbes à l'infini.*

Le plan **PBT** étant encore perpendiculaire au plan **PNB**, on a :

La ligne de striction de la surface des binormales est précisément la courbe **P**.

Étant

$$\frac{d\mathrm{P}}{ds} = \mathrm{T} = -\,\tau \,\bigg|\, \mathrm{B}\,\frac{d\mathrm{B}}{ds},$$

on a que

Le paramètre de distribution de la génératrice **PB** *est le nombre* τ.

63. Surfaces réglées gauches dont la ligne de striction est donnée.

— La surface des binormales de la courbe gauche P n'est pas la seule surface gauche réglée, admettant la courbe P pour ligne de striction, et nous allons à présent nous proposer de déterminer toutes les surfaces gauches réglées, dont la courbe P soit précisément ligne de striction.

Soit, à cet effet, $\mathrm{U}(s)$ un vecteur unité, encore indéterminé, tel que la surface gauche PU admette la courbe P pour ligne de striction ; nous aurons

$$\frac{d}{ds}(\mathrm{PU})\,\frac{d}{ds}(\mathrm{PU}) = \mathrm{PTU}\,\frac{d\mathrm{U}}{ds},$$

et la surface engendrée par la droite PU sera gauche si pour toute valeur de s

$$\mathrm{TU}\,\frac{d\mathrm{U}}{ds} \neq 0,$$

c'est-à-dire si U n'est pas constant et que le vecteur $\dfrac{d\mathrm{U}}{ds}$ ne soit pas complanaire avec les vecteurs T et U. Dans ces conditions, le point central sur la droite PU est, en vertu du n° **46,** la position de la forme

$$\left(\mathrm{PU} \mid \mathrm{U}\,\frac{d\mathrm{U}}{ds}\right)\left(\mathrm{TU} + \mathrm{P}\,\frac{d\mathrm{U}}{ds}\right) = \left(\mathrm{PU}\,\frac{d\mathrm{U}}{ds} \,\Big|\, \mathrm{U}\,\frac{d\mathrm{U}}{ds}\right)\mathrm{P} - \left(\mathrm{PTU} \mid \mathrm{U}\,\frac{d\mathrm{U}}{ds}\right)\mathrm{U},$$

c'est-à-dire que la ligne de striction de la surface PU sera la courbe P si l'on a, pour chaque valeur de s,

$$(1) \qquad \mathrm{TU} \mid \mathrm{U}\,\frac{d\mathrm{U}}{ds} = 0, \qquad \text{et} \qquad \mathrm{U}\,\frac{d\mathrm{U}}{ds} \,\Big|\, \mathrm{U}\,\frac{d\mathrm{U}}{ds} \ne 0.$$

La seconde de ces conditions est toujours vérifiée si la dérivée de U diffère de zéro, mais la première exige que le vecteur $\dfrac{d\mathrm{U}}{ds}$ ne soit pas complanaire avec les vecteurs T, U. Par conséquent :

Toutes les surfaces gauches réglées dont la ligne de striction est la courbe P *sont engendrées par une droite* PU, *où* U *est un vecteur unité, à dérivée non nulle, non parallèle au vecteur* T *et défini par l'équation différentielle*

$$(2) \qquad \mathrm{TU} \mid \mathrm{U}\,\frac{d\mathrm{U}}{ds} = 0.$$

Si donc nous posons

$$\mathrm{U} = x\,\mathrm{T} + y\,\mathrm{N} + z\,\mathrm{B},$$

où x, y, z sont des fonctions de s telles que $x^2 + y^2 + z^2 = 1$, un calcul fort simple prouve que la condition (2) équivaut à la suivante :

$$\frac{dx}{ds} = \frac{1}{\rho}\,y.$$

Si l'on suppose alors connu y, par exemple, en fonction de s, x se trouve déterminée; si $x^2 + y^2 < 1$, z en résulte également, et le vecteur U est aussi bien déterminé.

Supposons maintenant que l'on ait $y = 0$ pour chaque valeur de s; x et z sont alors des constantes absolues, et l'on a :

Chaque droite fixe du plan rectifiant au point P, *qui, en passant par* P, *ne coïncide pas avec la tangente en ce point, décrit une surface gauche réglée, pour laquelle la courbe* P *est ligne de striction.*

64. Surface réglée développable décrite par une droite dont la position est fixe par rapport au tétraèdre PTNB. — Si nous posons

$$(1) \qquad a = x\,\mathrm{PT} + y\,\mathrm{PN} + z\,\mathrm{PB} + u\,\mathrm{NB} + v\,\mathrm{BT} + w\,\mathrm{TN},$$

où x, y, z, u, v, w sont des nombres constants, tels que

$$(2) \qquad ux + vy + wz = 0,$$

il est clair que la droite $a(s)$ possède une position fixe par rapport aux droites **PT, PN, PB**; dans ces conditions

$$\frac{da}{ds} = -\frac{y}{\rho}\,\mathrm{PT} + \left(\frac{x}{\rho} + \frac{z}{\tau}\right)\mathrm{PN} - \frac{y}{\tau}\,\mathrm{PB}$$
$$- \frac{v}{\rho}\,\mathrm{NB} + \left(\frac{u}{\rho} + \frac{w}{\tau} - z\right)\mathrm{BT} + \left(y - \frac{v}{\tau}\right)\mathrm{TN};$$

et la droite a décrit une surface développable quand

$$\frac{da}{ds}\,\frac{da}{ds} = 0,$$

c'est-à-dire lorsque

$$\frac{y}{\rho}\,\frac{v}{\rho} + \left(\frac{x}{\rho} + \frac{z}{\tau}\right)\left(\frac{u}{\rho} + \frac{w}{\tau} - z\right) - \frac{y}{\tau}\left(y - \frac{v}{\tau}\right) = 0,$$

où, d'après la formule (2), quand

$$(3) \qquad -\frac{wz}{\rho^2} - \frac{ux}{\rho^2} + \frac{uz + wx}{\rho\tau} = \frac{xz}{\rho} + \frac{y^2 + z^2}{\tau}.$$

S'il n'existe pas entre $\frac{1}{\rho}$ et $\frac{1}{\tau}$ de relation à coefficients constants, la droite a ne pourra décrire une surface développable que si $y = z = u = w = 0$, c'est-à-dire seulement quand

$$(4) \qquad a = (\mathrm{P} + h\mathrm{B})\mathrm{T},$$

où h est un nombre constant, d'ailleurs quelconque. La

droite a est alors sur le plan rectifiant au point P, et parallèle à la tangente en **P**; la formule (4) donne

$$\frac{da}{ds} = \frac{1}{\rho}(P + h B)N + \frac{h}{\tau}NT = \frac{1}{\rho}\left(P + h B - h\frac{\rho}{\tau}T\right)N,$$

et le point d'intersection des droites a et $\dfrac{da}{ds}$ est

$$P_1 = P + h B - h\frac{\rho}{\tau}T = P - \frac{h}{\tau}(\rho T - \tau B),$$

c'est-à-dire que la ligne de rebroussement de la surface réglée a est décrite par un point de la génératrice de la rectifiante qui renferme **P**.

Enfin s'il existait une relation à coefficients constants entre les nombres $\dfrac{1}{\rho}$ et $\dfrac{1}{\tau}$, relation de la forme (3), il peut exister des droites a autres que celles qui vérifient l'équation (4) pour décrire une surface développable. En suivant la méthode que nous venons d'indiquer, le lecteur déterminera aisément ces droites pour retrouver les résultats déjà obtenus par **M. Cesaro** ([1]).

§ 3. — **TRAJECTOIRES ORTHOGONALES.**

65. Trajectoires orthogonales des génératrices d'une surface réglée. — Une courbe, tracée sur une surface réglée qui coupe à angle droit les génératrices de la surface, est dite *trajectoire orthogonale des génératrices de la surface.*

Nous pouvons considérer, en général, une surface réglée comme engendrée par une droite **PK**, où $P(s)$ et $K(s)$ figurent respectivement un point et un vecteur unité; une courbe quelconque tracée sur la surface **PK** est alors décrite par le point

$$P_1 = P + u K,$$

en admettant que u soit fonction de s. Nous allons donc nous

([1]) *Lezioni di Geometria intrinseca.* Napoli; 1896.

proposer de déterminer u, en sorte que P_1 décrive une trajectoire orthogonale des droites **PK**; pour ce, il faut et il suffit que

$$\frac{dP_1}{ds}\,\Big|\,K = o,$$

et, en vertu de

$$\frac{dP_1}{ds} = T + \frac{du}{ds}\,K + u\,\frac{dK}{ds},$$

cette condition devient

$$T\,|\,K + \frac{du}{ds} = o;$$

d'où

$$u = -\int (T\,|\,K)\,ds,$$

que l'on peut écrire, d'une façon équivalente,

$$u = -\int \cos(T,\,K)\,ds.$$

Si donc on prend $s = o$ pour limite de l'intégrale, on voit que toutes les trajectoires orthogonales des génératrices de la surface **PK** sont décrites par les points

$$P_1 = P - \left[\int_0 (T\,|\,K)\,ds + c\right] K,$$

où c est une constante arbitraire.

Si maintenant la courbe **P** est supposée être une trajectoire orthogonale, on a $T\,|\,K = o$, ainsi que $P_1 = P - cK$, ce qui montre que :

La distance est constante entre les points de deux trajectoires orthogonales situés sur une même génératrice.

66. Développantes. — On appelle *développante de la courbe* **P** une trajectoire orthogonale de la développable osculatrice de cette courbe. On obtiendra donc le point P_1 qui décrit une développante de la courbe **P** en posant $K = T$, dans la dernière formule du n° **65**; et il vient ainsi

$$P_1 = P - (s + c)T;$$

on aura donc

$$\frac{d\mathrm{P}_1}{ds} = -\frac{s+c}{\rho}\,\mathrm{N},$$

d'où :

La tangente en P_1 d'une développante de la courbe P est parallèle à la normale principale au point P correspondant.

Étant

$$\frac{d^2\mathrm{P}_1}{ds^2} = -\left(\frac{d}{ds}\,\frac{s+c}{\rho}\right)\mathrm{N} + \frac{s+c}{\rho^2}\mathrm{T} + \frac{s+c}{\rho\tau}\mathrm{B},$$

on en déduit

$$\left|\frac{d\mathrm{P}_1}{ds}\;\frac{d^2\mathrm{P}_1}{ds^2} = -\frac{(s+c)^2}{\rho^3\tau}\,(\rho\mathrm{T} - \tau\mathrm{B}),\right.$$

et

La binormale en P_1 d'une développante de la courbe P est parallèle à la génératrice de la rectifiante qui passe au point P correspondant.

La courbe P_1 ne peut être plane que si la direction du vecteur B_1 est constante, c'est-à-dire (proposition précédente) quand la surface rectifiante de la courbe P est un cylindre. Donc :

L'hélice est la seule courbe gauche dont toutes les développantes soient des courbes planes.

Et :

Chaque développante d'une hélice est placée dans un plan normal aux génératrices du cylindre sur lequel l'hélice est tracée, et est une développante de la section normale même du cylindre faite par ce plan.

Le plan normal au point P_1 est le plan

$$\mathrm{P}_1\left|\frac{d\mathrm{P}_1}{ds} = \frac{s+c}{\rho}\,\mathrm{P}_1\mathrm{TB} = \frac{s+c}{\rho}\,\mathrm{PTB};\right.$$

donc :

Chaque développante de la courbe P, a la surface polaire *coïncidant avec la surface rectifiante de la courbe* **P** ; *ou bien, le lieu des centres des sphères osculatrices d'une développante quelconque de la courbe* **P** *est l'arête de rebroussement de la surface rectifiante de* **P**.

Toutes les courbes P_1 dont la surface polaire coïncide avec la surface rectifiante de la courbe **P** sont décrites par le point

$$P_1 = P + xB + yT,$$

tel que le vecteur $\dfrac{dP_1}{ds}$ est parallèle au vecteur **N** ([1]) ; par suite, les nombres x, y, fonction de s, sont soumis aux con-

---

([1]) En général, on peut résoudre la question suivante : *Quelles sont les courbes $P_1(s)$ telles qu'une des droites P_1T_1, P_1N_1, P_1B_1 est parallèle à une des droites* PT, PN, PB ? Pour toutes les valeurs de s, on a

$$(1) \qquad T_1N = o \quad \text{quand} \quad \frac{dP_1}{ds} = uN ;$$

$$(2) \qquad B_1N = o \quad \text{quand} \quad \frac{dP_1}{ds} = u\lambda\left(\frac{1}{\rho}B - \frac{1}{\tau}T\right) ;$$

$$(3) \qquad N_1T = o \quad \text{quand} \quad \frac{dP_1}{ds} = u(\cos\varphi\,N + \sin\varphi\,B) \quad \text{avec} \quad d\varphi = \frac{ds}{\tau} ;$$

$$(4) \qquad N_1B = o \quad \text{quand} \quad \frac{dP_1}{ds} = u(\cos\varphi\,T + \sin\varphi\,N) \quad \text{avec} \quad d\varphi = -\frac{ds}{\rho} ;$$

$$(5) \qquad N_1N = o \quad \text{quand} \quad \frac{dP_1}{ds} = u(\cos\varphi\,B + \sin\varphi\,T) \quad \text{avec} \quad d\varphi = o ;$$

$$(6) \qquad T_1T = o \quad \text{ou bien} \quad B_1B = o, \quad \text{quand} \quad \frac{dP_1}{ds} = uT ;$$

$$(7) \qquad T_1B = o \quad \text{ou bien} \quad B_1T = o, \quad \text{quand} \quad \frac{dP_1}{ds} = uB,$$

u étant une fonction arbitraire de s.

On exprime aisément, pour les courbes (1)-(7), les vecteurs T_1, N_1, B_1 et les nombres ρ_1, τ_1 en fonction des vecteurs T, N, B et des nombres ρ, τ, λ, u, et l'on obtient des propriétés bien importantes.

Parmi les courbes (1)-(7) sont comprises celles qui ont une des surfaces $P_1N_1B_1$, $P_1B_1T_1$, $P_1T_1N_1$, coïncidant avec une des surfaces PNB, PBT, PTN, ou une des surfaces P_1T_1, P_1N_1, P_1B_1 coïncidant avec une des surfaces PT, PN, PB. Le lecteur peut, à titre d'exercice, retrouver les *développantes*, les *développées*, les *courbes de M. Bertrand*, etc.

B.-F.

ditions

$$\frac{dx}{ds} = 0, \qquad \frac{dy}{ds} + 1 = 0,$$

qui donnent

$$(1) \qquad P_1 = P + aB - (s + c)T,$$

a et b étant des constantes.

On obtient aisément les courbes (1), étant connues les développantes de P.

Si $Q_1 = P + a_1 B - (s + c_1)T$, si m, n sont des nombres et $m + n \neq 0$, on a

$$\frac{mP_1 + nQ_1}{m + n} = P + \frac{ma + na_1}{m + n} B - \left(s + \frac{mc + nc_1}{m + n}\right)T,$$

et le point $\dfrac{mP_1 + nQ_1}{m + n}$ décrit une courbe (1).

67. Développées. — Inversement, nous dirons que la courbe P_1 est une des *développées* de la courbe P, si P est une des développantes de P_1; nous allons nous proposer de déterminer toutes les développées d'une courbe donnée P.

Si, à cet effet, K représente un vecteur unité fonction de s, la droite PK ne décrira une surface développable que dans le cas où

$$\frac{d(PK)}{ds}\frac{d(PK)}{ds} = 2\,PTK\frac{dK}{ds} = 0,$$

c'est-à-dire quand

$$(1) \qquad TK\frac{dK}{ds} = 0$$

pour chaque valeur de s.

Si K vérifie la condition (1) sans être constant, l'arête P_1 de rebroussement de la surface PK sera une développée de la courbe P lorsque K sera parallèle au plan PNB (car la courbe P doit être une trajectoire orthogonale des génératrices de la surface PK), et le vecteur $\dfrac{dK}{ds}$, parallèle à la normale principale au point P_1, sera parallèle au vecteur T (car la tangente en P à la développante est parallèle à la normale principale au point P_1 de la développée); nous pourrons donc déterminer le vecteur K, en choisissant un nombre φ tel que

$$(2) \qquad K = \cos\varphi\, N + \sin\varphi\, B,$$

et que $\dfrac{dK}{ds}$ soit un vecteur parallèle à T.

Étant donné

$$(2)' \qquad \frac{dK}{ds} = -\frac{\cos\varphi}{\rho}\, T + \left(\frac{1}{\tau} - \frac{d\varphi}{ds}\right)(\sin\varphi\, N - \cos\varphi\, B),$$

φ reste déterminé par l'équation différentielle

$$(3) \qquad d\varphi = \frac{ds}{\tau},$$

ou

$$(3)' \qquad \varphi = \int_0 \frac{ds}{\tau} + \varphi,$$

en introduisant une constante arbitraire φ_0; d'ailleurs l'arête de rebroussement de la surface PK peut se déterminer par

$$\frac{d}{ds}(PK) = TK - \frac{\cos\varphi}{\rho}\, PT,$$

$$PK.\frac{d}{ds}(PK) = PTK\left(K + \frac{\cos\varphi}{\rho}\, P\right);$$

donc lorsque le point P_1 décrit une développée de la courbe P, on a

$$P_1 = P + \frac{\rho}{\cos\varphi}\, K,$$

et, d'après la formule (2),

$$(4) \qquad P_1 = P + \rho N + \rho \tang\varphi\, B,$$

où φ est précisément le nombre fourni par la formule $(3)'$. Comme la droite $(P + \rho N)B$ engendre la surface polaire de la courbe P, la formule (4) exprime que :

Les développées de la courbe P *sont situées sur la surface polaire de* P.

Dans le cas $\frac{1}{\tau} = 0$, pour toutes les valeurs de s, la courbe P est plane,

$$P_1 = P + \rho N + \rho \tan g \varphi_0 B,$$

et l'une des développées de P est la courbe décrite par le point $P + \rho N$, c'est-à-dire la courbe enveloppe des normales à la courbe P; les autres développées sont encore des courbes gauches tracées sur le cylindre dont la section droite est précisément le lieu du point $P + \rho N$; d'autre part, $\frac{dP_1}{ds}$ est parallèle au vecteur K et l'angle $\left(\frac{dP_1}{ds}, B\right)$ doit être constant; donc :

Une courbe plane a une seule développée plane et une infinité de développées gauches qui sont des hélices tracées sur le cylindre dont la section droite est précisément cette développée plane.

La formule (3) montre aussi que $d\varphi$ est l'angle de contingence du vecteur B et dans le développement de la surface polaire de la courbe donnée sur un plan, la courbe P_1 se transforme en une droite. On peut, en général, supposer qu'il existe une valeur s_0 de s, telle que

$$\lim_{s \to s_0} \rho(s) = 0,$$

d'où :

En développant sur un plan la surface polaire de la courbe considérée, les développées de P *se transforment en des droites passant par un point fixe.*

Soient $d\psi_1$, $d\psi_2$, $d\psi_3$ les angles de contingence des vecteurs T_1, N_1, B_1; T_1 est parallèle au vecteur K, ainsi que N_1 au vecteur T, et les formules (2) et (3) donnent

$$d\psi_1 = \pm \frac{\cos\varphi}{\rho}\, ds$$

et

$$d\psi_2 = \frac{1}{\rho}\, ds\,;$$

par suite, de $\frac{1}{\rho^2} - \frac{\cos^2\varphi}{\rho^2} = \frac{\sin^2\varphi}{\rho^2}$, on déduit

$$d\psi_3 = \frac{\sin\varphi}{\rho}\, ds,$$

et en observant que $\frac{\rho_1}{\tau_1} = \pm \frac{d\psi_3}{d\psi_1}$, il vient :

En chaque point d'une développante de la courbe P, *on a*

$$\frac{\rho_1}{\tau_1} = \pm \tang\left(\int_0^{} \frac{ds}{\tau} + \varphi_0\right).$$

$\frac{\rho_1}{\tau_1}$ et $\int_0^{} \frac{ds}{\tau}$ doivent être constants en même temps ; mais, $\int \frac{ds}{\tau}$ est constant quand, pour toute valeur de s, $\frac{1}{\tau} = 0$; donc :

Les courbes planes ont seules pour développées des courbes planes ou des hélices.

Si P_1 est l'arête de rebroussement de la surface polaire de la courbe P, on a (*voir* n° **59**)

$$\rho \tang\varphi = -\tau \frac{d\rho}{ds},$$

ou

$$\frac{d\rho}{\rho} = d\log\rho = -\tang\varphi \frac{ds}{\tau} = -\tang\varphi\, d\varphi = d\log\cos\varphi\,;$$

par conséquent, $\frac{\rho}{\cos\varphi}$ est une constante non nulle ; donc :

Les courbes dont l'une des développées coïncide avec le lieu du centre des sphères osculatrices ont leurs courbures liées par la relation

$$\rho = c\cos\left(\int_0^{} \frac{ds}{\tau} + \varphi_0\right),$$

où $c \neq 0$ *et* φ_0 *figurent des constantes arbitraires.*

De même, on démontre que :

Les courbes planes seules ont une de leurs développées qui coïncide avec le lieu du centre de courbure.

Si le point P_1 décrit une des développées de la courbe P, par les formules (2), (2)', (3), on a que le plan rectifiant au point P_1 est parallèle au bivecteur $|T = NB$; donc, étant $\text{plan}\, P_1 NB = \text{plan}\, PNB$ [formule (4)] le plan rectifiant au point P_1, on a :

L'arête de rebroussement de la rectifiante de chaque développée de P est le lieu des centres des sphères osculatrices de la courbe P.

Inversement, si le point P_1 décrit une courbe dont la rectifiante a pour arête de rebroussement l'arête de rebroussement de la surface polaire de P, doit être

$$(5) \qquad\qquad P_1 = P + \rho N + x B,$$

avec N_1 parallèle au vecteur T. On trouve aisément ([1]) que N_1 est parallèle à T seul, quand $\dfrac{dP_1}{ds}$ est parallèle au vecteur

$$\cos\varphi\, N + \sin\varphi\, B \qquad \text{avec} \qquad d\varphi = \frac{ds}{\tau};$$

par conséquent, le nombre x de la formule (5) est soumis à la condition

$$\frac{dx}{ds} = x\,\frac{\tan g\,\varphi}{\tau} + \frac{\rho}{\tau} + \frac{d\rho}{ds}\tan g\,\varphi;$$

mais $x = \rho\,\tan g\,\varphi$ est une intégrale particulière de cette équation différentielle, et, par suite, l'intégrale générale est

$$x = \rho\,\tan g\,\varphi + c\, e^{\int \frac{\tan g\,\varphi}{\tau}\,ds}$$

ou bien, étant $d\varphi = \dfrac{ds}{\tau}$,

$$x = \rho\,\tan g\,\varphi + \frac{c}{\cos\varphi}.$$

([1]) Car si $N, T = 0$, on a $T_1 = \cos\varphi\, N + \sin\varphi\, B$ (*voir* la note à la page 145).

On a donc, par la formule (5),

$$P_1 = P + \rho N + \left(\rho \, \mathrm{tang}\, \varphi + \frac{c}{\cos \varphi} \right) B,$$

qui donne *toutes les courbes dont les surfaces rectifiantes ont pour arêtes de rebroussement le lieu des centres des sphères osculatrices de la courbe* **P**.

68. Trajectoires orthogonales des plans d'une enveloppe. — Soit π une forme du troisième ordre dont la position ait une enveloppe. On peut, d'une manière très générale, poser

$$\pi = PIJ,$$

où **P** est un point, **I** et **J** deux vecteurs unités rectangulaires fonctions de l'arc s de la courbe décrite par **P**; un point quelconque P_1 du plan π sera

$$P_1 = P + x I + y J,$$

et lorsque les nombres x, y sont des fonctions de s, le point P_1 décrit une courbe qu'on appelle *trajectoire orthogonale* des plans π, si la tangente en P_1 est constamment perpendiculaire au plan π.

On voit alors aisément que les conditions nécessaires et suffisantes pour que le point P_1 décrive une trajectoire orthogonale des plans π sont

$$(1) \qquad \frac{dP_1}{ds}\bigg| I = 0, \qquad \frac{dP_1}{ds}\bigg| J = 0.$$

Mais

$$\frac{dP_1}{ds} = T + \frac{dx}{ds} I + x \frac{dI}{ds} + \frac{dy}{ds} J + y \frac{dJ}{ds},$$

et, en observant que

$$I \,|\, J = 0, \qquad I \bigg| \frac{dI}{ds} = 0, \qquad J \bigg| \frac{dJ}{ds} = 0,$$

les conditions (1) deviennent

$$(2) \qquad T \bigg| I + y \frac{dJ}{ds} \bigg| I + \frac{dx}{ds} = 0, \qquad T \bigg| J + x \frac{dI}{ds} \bigg| J + \frac{dy}{ds} = 0.$$

Ces équations différentielles déterminent x et y (¹) avec deux constantes arbitraires et les trajectoires orthogonales des plans π forment un système doublement indéterminé.

a. En posant $I = N$, $J = B$, on peut obtenir les trajectoires orthogonales des plans PNB. Dans l'expression

$$(3) \qquad P_1 = P + u(\cos\varphi\, N + \sin\varphi\, B),$$

on doit déterminer les fonctions u et φ de s, de sorte que le vecteur $\dfrac{dP_1}{ds}$ soit parallèle au vecteur T; pour cela, égalons à zéro les coefficients de N et B dans le vecteur $\dfrac{dP_1}{ds}$ (ou, en appliquant les formules (2) avec $I = N$, $J = B$, $x = u\cos\varphi$, $y = u\sin\varphi$),

$$\frac{du}{ds}\cos\varphi - u\frac{d\varphi}{ds}\sin\varphi + \frac{u\sin\varphi}{\tau} = 0,$$

$$\frac{du}{ds}\sin\varphi + u\frac{d\varphi}{ds}\cos\varphi - \frac{u\cos\varphi}{\tau} = 0;$$

d'où l'on tire

$$du = 0 \qquad \text{et} \qquad d\varphi = \frac{ds}{\tau};$$

et l'on voit que le point P_1 décrit une trajectoire orthogonale des plans PNB, lorsque, dans la formule (3), u est une constante et $\varphi = \displaystyle\int \frac{ds}{\tau}$.

La droite PP_1 décrit la développable osculatrice de l'une des développées (n° **67**) de la courbe P et puisque P_1 est une trajectoire orthogonale des droites PP_1 :

Les trajectoires orthogonales des plans normaux à la courbe P sont les développantes des développées de P ; ou bien, sont les courbes qui ont commun avec la courbe P, le lieu des centres des sphères osculatrices [*voir* note page 145, formule (6)].

(¹) *Voir* la note à la page 121.

b. On peut encore obtenir les trajectoires orthogonales des plans PBT, en posant $I = B$, $J = T$: les équations (2) donnent

$$\frac{dx}{ds} = 0, \qquad 1 + \frac{dy}{ds} = 0,$$

ou

$$y = -(s + c), \qquad x = a,$$

avec les deux constantes arbitraires a et c; par suite

$$P_1 = P - (s + c)T + aB,$$

et, avec les développantes de **P**, on obtient aisément les courbes décrites par les points P_1 (*voir* n° **66**).

c. Pour obtenir les trajectoires orthogonales des plans osculateurs de la courbe **P**, il suffirait de poser $I = T$, $J = N$; les courbes P_1 sont alors telles que le lieu des centres de leurs sphères osculatrices soit la courbe **P**, et les formules (2) donnent encore

$$\frac{dx}{ds} = \frac{y}{\rho} - 1, \qquad \frac{dy}{ds} = -\frac{x}{\rho};$$

équations différentielles qui permettent toujours d'avoir les expressions de x et de y, par exemple, en séries convergentes ([1]).

§ 4. — COURBES DE M. BERTRAND.

69. Nous disons que la courbe **P** est une courbe de **M.** Bertrand, s'il existe une courbe P_1, différente de **P**, qui ait mêmes normales principales que celle-ci et nous appellerons alors P_1 une des *conjuguées* de la courbe **P**.

Si **P** est une courbe de **M.** Bertrand et que la courbe P_1 soit une des conjuguées de **P**, les courbes **P**, P_1 sont des trajectoires orthogonales de la surface des normales principales; la distance des points **P** et P_1 doit donc être constante, c'est-

---

([1]) *Voir* la note à la page 121.

à-dire que

$$(1) \qquad \mathrm{P}_1 = \mathrm{P} + u\mathrm{N},$$

où u est un nombre réel (fixe) non nul.

Si P est une courbe plane, en vertu de l'équation

$$\frac{d\mathrm{P}_1}{ds} = \left(1 - \frac{u}{\rho} \right) \mathrm{T},$$

les normales aux points P et P_1 coïncideront.

Donc :

Toute courbe plane est une courbe de M. Bertrand et ses conjuguées sont engendrées par les points P + uN, *où u figure une constante arbitraire.*

70. Nous allons supposer désormais que la courbe P, gauche, soit une courbe de M. Bertrand et que P_1 soit une des conjuguées de P. Le vecteur T_1, parallèle à la tangente en P_1, est parallèle au plan PTB, ce qui nous permet de poser

$$\mathrm{T}_1 = \cos\varphi\,\mathrm{T} + \sin\varphi\,\mathrm{B},$$

en désignant par φ une fonction de s telle que $\dfrac{d\mathrm{T}_1}{ds}$ (vecteur parallèle à N_1) soit un vecteur parallèle au vecteur N. On a donc

$$\frac{d\mathrm{T}_1}{ds} = \left(\frac{\cos\varphi}{\rho} + \frac{\sin\varphi}{\tau} \right) \mathrm{N} + \frac{d\varphi}{ds}\,(\cos\varphi\,\mathrm{B} - \sin\varphi\,\mathrm{T}),$$

et l'équation $\dfrac{d\mathrm{T}_1}{ds}\,\mathrm{N} = 0$ ne saurait avoir lieu, quel que soit s, que si φ, angle des vecteurs T et T_1, est une constante. Par conséquent :

Le plan osculateur au point P *d'une courbe de M. Bertrand fait un angle constant avec le plan osculateur au point correspondant d'une courbe conjuguée de* P.

La formule (1) donne, d'ailleurs,

$$\frac{d\mathrm{P}_1}{ds} = \left(1 - \frac{u}{\rho}\right)\mathrm{T} - \frac{u}{\tau}\mathrm{B},$$

et si nous posons

$$v = \operatorname{mod}\frac{d\mathrm{P}_1}{ds} = \sqrt{\left(1 - \frac{u}{\rho}\right)^2 + \left(\frac{u}{\tau}\right)^2},$$

on voit que v est un nombre non nul, que la constante φ, telle que $\pi > \varphi > 0$, satisfaisant à l'équation

$$(2) \qquad 1 - \frac{u}{\rho} = v\cos\varphi, \qquad \frac{u}{\tau} = -v\sin\varphi,$$

est bien déterminée; puisque $v \neq 0$ et $\sin\varphi \neq 0$, les formules (2) entraînent

$$(3) \qquad \frac{\sin\varphi}{\rho} - \frac{\cos\varphi}{\tau} = \frac{\sin\varphi}{u},$$

qui exprime une relation à coefficients constants entre la courbure et la torsion en tout point de la courbe P, condition nécessaire pour que la courbe considérée soit une courbe de M. Bertrand. Réciproquement, si la condition (3) est vérifiée, le point $\mathrm{P}_1 = \mathrm{P} + u\mathrm{N}$ décrit effectivement une courbe qui a mêmes normales que la courbe P. Donc :

Pour que la courbe gauche P *soit une courbe de M. Bertrand, il faut et il suffit que, en chaque point de* P, *la courbure et la torsion soient liées par une relation linéaire à coefficients constants de la forme*

$$\frac{\sin\varphi}{\rho} - \frac{\cos\varphi}{\tau} = \frac{\sin\varphi}{u}$$

$(\pi > \varphi > 0$ *et* $u \neq 0)$. *En admettant que cette condition soit remplie, le point* $\mathrm{P}_1 = \mathrm{P} + u\mathrm{N}$ *décrit une conjuguée de la courbe* P *et* φ *est l'angle que fait le plan osculateur en* P *avec le plan osculateur au point correspondant* P_1 *de la courbe conjuguée.*

71. La courbe P_1 conjuguée de P est aussi une courbe de

M. Bertrand. Si donc l'on observe que $\dfrac{ds_1}{ds} = v$, $\dfrac{ds}{ds_1} = \dfrac{1}{v}$, $P = P_1 - u N$ et que φ est l'angle de T avec T_1 aussi bien que de T_1 avec T, la courbure $\dfrac{1}{\rho_1}$ et la torsion $\dfrac{1}{\tau_1}$ de la courbe P_1 sont liées par les formules analogues aux formules (2), (3),

$$(2)' \qquad 1 - \frac{u}{\rho_1} = \frac{1}{v}\cos\varphi; \qquad \frac{u}{\tau_1} = -\frac{1}{v}\sin\varphi,$$

$$(3)' \qquad \frac{\sin\varphi}{\rho_1} - \frac{\cos\varphi}{\tau_1} = \frac{\sin\varphi}{u},$$

ou bien encore celles que l'on peut en déduire par le changement de u en $-u$, selon que $N_1 = -N$ ou $N_1 = N$. Pour déterminer complètement le signe u dans les formules (2)', (3)', observons que le vecteur B_1 parallèle au vecteur

$$\left| \frac{dP_1}{ds} \right| N = \left(1 - \frac{u}{\rho} \right) B + \frac{u}{\tau} T$$

est donné par la relation

$$B_1 = \pm (\cos\varphi\, B - \sin\varphi\, T).$$

selon que $N_1 = \pm N$; la dérivée

$$\frac{dB_1}{ds_1} = \frac{1}{v} \left(\frac{\cos\varphi}{\tau} - \frac{\sin\varphi}{\rho} \right) N_1,$$

donne, en vertu de (3),

$$\frac{dB_1}{ds_1} = -\frac{\sin\varphi}{u v} N_1$$

et, par suite,

$$\frac{1}{\tau_1} = -\frac{\sin\varphi}{u v} \qquad [\text{seconde formule (2)}'],$$

en ayant égard à la deuxième formule de Frenet.

Il est donc bien démontré que les formules (2)', (3)' subsistent pour ρ_1 et τ_1 avec $N_1 = -N$.

72. Voici quelques conséquences des formules (2), (3), (2)', (3)'.

Des secondes formules (2) et $(2)'$ résulte

$$\frac{1}{\tau}\,\frac{1}{\tau_1} = \left(\frac{\sin\varphi}{u}\right)^2,$$

ce qui prouve que :

Le produit des torsions en chaque point d'une courbe de M. Bertrand et de sa conjuguée a pour valeur constante le carré de $\dfrac{\sin\varphi}{u}$.

Si $\dfrac{1}{\rho}$ est constant et il n'en est pas de même de $\dfrac{1}{\tau}$, la formule (3) donne $\varphi = \dfrac{\pi}{2}$, $u = \rho$; ainsi le théorème précédent et la formule $(3)'$ prouvent que :

Si, pour une courbe gauche de M. Bertrand, la courbure est constante sans que la torsion le soit, cette courbe admet pour conjuguée unique le lieu de ses centres de courbure, ou, ce qui revient au même, le lieu des centres de ses sphères osculatrices. L'angle des plans osculateurs en un point de la courbe et au point correspondant de la conjuguée est droit; la courbe P et sa conjuguée ont même courbure et le produit des torsions en deux points correspondants est égal au carré de la courbure.

On déduit encore aisément de la formule (3):

Une courbe gauche de M. Bertrand ne peut avoir une torsion constante sans que la courbure soit également constante ou, en d'autres termes, *les seules courbes gauches de M. Bertrand qui soient à torsion constante sont les hélices ordinaires.*

La formule (3) donne encore :

Une courbe gauche de M. Bertrand qui n'est pas une hélice ordinaire ne possède qu'une seule conjuguée; au contraire, une hélice ordinaire a une infinité de courbes conjuguées décrites par les points $P_1 = P + uN$, où u figure une constante arbitraire.

Lorsque P est une hélice ordinaire, on peut déterminer u de sorte que $ds_1 = ds$, c'est-à-dire que les courbes P, P_1 aient même arc; il faut avoir $v = 1$, ou $u = \dfrac{2\lambda^2}{\rho}$, si $\dfrac{1}{\lambda}$ représente la courbure normale. Donc (n° **61**) :

Si P *est une hélice ordinaire et que le point central, pour la droite* PP_1 *de la surface des normales principales à* P, *soit moyen de* P *et* P_1, *les courbes* P, P_1 *auront même arc, et réciproquement.*

Soit r le double rapport de la suite de points P, P_1, $P + \rho N$, $P_1 - \rho_1 N$; comme $P_1 = P + uN$, nous aurons $PP_1 = uPN$ et $P_1P = -uP_1N$. Donc :

$$r = \frac{P(P+\rho N)}{P(P_1-\rho_1 N)}\ \frac{P_1(P_1-\rho_1 N)}{P_1(P+\rho N)} = \frac{\rho PN}{uPN-\rho_1 PN}\ \frac{-\rho_1 P_1 N}{-uP_1N+\rho P_1 N}$$

$$= \frac{\rho}{u-\rho_1}\ \frac{\rho_1}{u-\rho} = \frac{1}{1-\dfrac{u}{\rho}}\ \frac{1}{1-\dfrac{u}{\rho_1}},$$

ou, en vertu de (3) et $(3)'$,

$$r = \frac{1}{\cos^2\varphi} :$$

Un point quelconque de P, *son correspondant* P_1 *sur la conjuguée et les centres de courbure aux points* P, P_1, *forment un double rapport constant et égal à* $\dfrac{1}{\cos^2\varphi}$.

NOTES.

I.

Formes fonction de deux ou de plusieurs variables. — Comme en Analyse, nous représenterons par $f(u,v)$, $f(u,v,w)$, ... une forme fonction des variables u,v, ou u,v,w, ...; de même

$$\frac{d}{du} f(u,v), \qquad \text{ou} \quad \frac{d f(u,v)}{du}, \qquad \text{ou} \quad f'_u(u,v)$$

sera la dérivée partielle de $f(u,v)$, par rapport à u.

Sous les mêmes restrictions que celles qui sont introduites en Analyse, nous appellerons, par exemple, *différentielle totale* de $f(u,v)$ le nombre infinitésimal $d\,f(u,v)$ tel que

$$d\,f(u,v) = \frac{d\,f(u,v)}{du}\,du + \frac{d\,f(u,v)}{dv}\,dv,$$

ou, sous une autre forme, tel que

$$d\,f(u,v) = f'_u(u,v)\,du + f'_v(u,v)\,dv.$$

Dans ces conditions, si $f(u,v)$ figure une forme continue du premier ordre non nulle, lorsque u et v varient entre des limites données

$$\text{posit}\, f(u,v)$$

engendre une surface, u_0 et v_0 étant des valeurs particulières de u et de v, les points $f(u_0,v)$, $f(u,v_0)$ décrivent sur la surface des lignes que l'on appelle, respectivement, *courbes* u et *courbes* v, qui fournissent, si l'on veut, un ensemble de lignes coordonnées de Gauss sur la surface.

De même, si $f(u,v)$ est une forme du deuxième ordre non nulle à invariant nul, posit $f(u,v)$ décrit une congruence de droites et finalement, dans le cas où $f(u,v)$ est une forme du troisième ordre, posit $f(u,v)$

figure une double infinité de plans, qui sont, en général, tangents à une surface déterminée.

On peut aisément étendre ces considérations aux fonctions

$$f(u, v, w), \ldots.$$

II.

Plan tangent. — Supposons que $P(u, v)$ soit un point, fonction continue de u et v : nous disons qu'un plan π est tangent en P, à la surface P, si la droite PP_1 fait, avec le plan π, un angle (aigu) qui ait pour limite zéro, lorsque le point P_1 tend à se rapprocher indéfiniment du point P d'une manière quelconque, à la seule condition de rester constamment sur la surface.

On appellera *normale à la surface en* P la perpendiculaire au plan π passant par le point P.

La définition du plan tangent montre que : *si au point* P *le plan tangent* π *à la surface est déterminé, ainsi que la tangente r en* P *à une courbe quelconque tracée sur la surface à partir du point* P, *la droite r est nécessairement contenue dans le plan* π.

Si les vecteurs $\dfrac{dP}{du}$ et $\dfrac{dP}{dv}$ sont des fonctions continues et si le bivecteur $\dfrac{dP}{du}\,\dfrac{dP}{dv}$ n'est pas nul, le plan $P\,\dfrac{dP}{du}\,\dfrac{dP}{dv}$ est tangent en P à la surface P.

Posons en effet : $P_1 = P(u + h, v + k)$, on a

$$P_1 = P + h\,\frac{dP}{du} + k\,\frac{dP}{dv} + Q,$$

où Q est un vecteur d'ordre infinitésimal supérieur à l'unité en prenant $\sqrt{h^2 + k^2}$ pour infiniment petit principal. On en déduit

$$(P_1 - P)\,\frac{dP}{du}\,\frac{dP}{dv} = Q\,\frac{dP}{du}\,\frac{dP}{dv},$$

par conséquent lorsque P_1 tend vers P, le vecteur Q tend vers zéro ainsi que l'angle formé par le vecteur $P_1 - P$ avec le plan $P\,\dfrac{dP}{du}\,\dfrac{dP}{dv}$.

Si $z = f(x, y)$ est l'équation cartésienne de la surface, alors on a

$$P = O + xI + yI + zK$$

et

$$\frac{d\mathrm{P}}{ax}\frac{d\mathrm{P}}{dy} = \left(\mathrm{I} + \frac{dz}{dx}\mathrm{K}\right)\left(\mathrm{J} + \frac{dz}{dy}\mathrm{K}\right) = -\frac{dz}{dx}\mathrm{JK} - \frac{dz}{dy}\mathrm{KI} + \mathrm{IJ};$$

c'est-à-dire que les coefficients angulaires du plan tangent au point P sont respectivement

$$-\frac{dz}{dx}, \qquad -\frac{dy}{dx}, \qquad 1,$$

et l'équation même de ce plan tangent est

$$\mathrm{Z} - z = (\mathrm{X} - x)\frac{dz}{dx} + (\mathrm{Y} - y)\frac{dz}{dy};$$

on retrouve donc ainsi l'expression ordinaire bien connue.

III.

Paramètre différentiel du premier ordre. — Il se présente fréquemment, dans les questions de Mécanique ou de Physique, que l'on ait à considérer un nombre u fonction de la position d'un point variable P; si, dans ce cas, P est, par exemple, fonction de ses coordonnées cartésiennes x, y, z, la quantité u est alors également fonction des variables x, y, z.

Nous appellerons *paramètre différentiel de u*, et nous indiquerons, par la notation ∇u, un vecteur tel que

$$(1) \qquad\qquad du = \nabla u \mid d\mathrm{P}.$$

Si ∇u, $\nabla' u$ sont deux paramètres différentiels de u, par la relation (1), on a

$$\nabla u \mid d\mathrm{P} = \nabla' u \mid d\mathrm{P} \qquad \text{ou} \qquad (\nabla u - \nabla' u) \mid d\mathrm{P} = 0;$$

par suite, si le paramètre différentiel de u existe et si $d\mathrm{P}$ n'est pas nul, le vecteur ∇u est déterminé d'une façon unique.

On a $du = 0$ si $u = \text{const.}$ et les vecteurs ∇u et $d\mathrm{P}$ sont nuls ou rectangulaires; mais, pour $u = \text{const.}$, le point P décrit une surface ou bien une ligne, si P était déjà assujetti à se trouver sur une surface et si ∇u et $d\mathrm{P}$ sont bien déterminés sans être nuls, la formule (1) prouve que la droite $\mathrm{P}\,\nabla u$ est la normale en P à la surface décrite par le point P où une normale à la courbe décrite par P.

Soit O un point fixe, ou le pied de la perpendiculaire abaissée du point P sur une droite (ou un plan) fixe, de sorte que OP $\neq$ o; si nous posons

$$u = \operatorname{mod} OP,$$

c'est-à-dire si u représente effectivement la distance du point variable P à un point, une droite ou un plan fixe, on aura

$$(2) \qquad \nabla u = \frac{\operatorname{mod}(P - O)}{P - O}.$$

En effet (*voir* n° **37, k**), nous savons que

$$du = \frac{P - O}{\operatorname{mod}(P - O)} \bigg| (dP - dO);$$

mais on a que $dO = o$, ou que le vecteur $P - O$ est perpendiculaire au vecteur dO et, par conséquent,

$$du = \frac{P - O}{\operatorname{mod}(P - O)} \bigg| dP,$$

expression qu'il suffit de comparer à la formule (1) pour obtenir le théorème demandé.

Soient encore u et v des nombres fonctions de P et $f(u, v)$ une fonction de u, v à dérivées partielles bien déterminées; on a

$$(3) \qquad \nabla f = \frac{df}{du} \nabla u + \frac{df}{dv} \nabla v.$$

En effet,

$$df = \frac{df}{du} du + \frac{df}{dv} dv = \frac{df}{du} \nabla u \bigg| dP + \frac{df}{dv} \nabla v \bigg| dP = \left(\frac{df}{du} \nabla u + \frac{df}{dv} \nabla v \right) \bigg| dP,$$

égalité qui, avec la formule (1), établit la propriété énoncée.

Si O est un point fixe, que I, J, K soient des vecteurs unités rectangulaires, et si, de plus,

$$P = O + xI + yJ + zK,$$

on a

$$(4) \qquad \nabla u = \frac{du}{dx} I + \frac{du}{dy} J + \frac{du}{dz} K.$$

En effet, d'après la formule (2),

$$\nabla x = I, \qquad \nabla y = J, \qquad \nabla z = K,$$

et, par suite,

$$du = \frac{du}{dx}\,dx + \frac{du}{dy}\,dy + \frac{du}{dz}\,dz$$

$$= \frac{du}{dx}\,\nabla x \,\Big|\, dP + \frac{du}{dy}\,\nabla y \,\Big|\, dP + \frac{du}{dz}\,\nabla z \,\Big|\, dP$$

$$= \left(\frac{du}{dx}\,I + \frac{du}{dy}\,J + \frac{du}{dz}\,K \right) \Big|\, dP,$$

ce qui, en vertu de la formule (1), démontre le théorème.

En général (Lamé), on appelle *paramètre différentiel de u* le nombre $\mathrm{mod}\,\nabla u$, ou encore $\sqrt{ \left(\dfrac{du}{dx} \right)^2 + \left(\dfrac{du}{dy} \right)^2 + \left(\dfrac{du}{dz} \right)^2 }$, et la considération du paramètre différentiel comme vecteur est due à Hamilton.

IV.

Coordonnées curvilignes. — Soit $P(u, v)$ un point fonction continue et admettant des dérivées en u et v; si les variables u et v sont liées par une relation quelconque, le point $P(u, v)$ décrit une courbe sur la surface $P(u, v)$. En appelant s l'arc de cette courbe, et supposant vérifiées toutes les conditions énoncées au § **4** du Chapitre II, on a

$$(1) \qquad ds = \mathrm{mod}\,dP.$$

Mais, par ailleurs,

$$dP = \frac{dP}{du}\,du + \frac{dP}{dv}\,dv,$$

et, si l'on pose

$$(2) \qquad E = \frac{dP}{du}\,\Big|\,\frac{dP}{du}, \qquad F = \frac{dP}{du}\,\Big|\,\frac{dP}{dv}, \qquad G = \frac{dP}{dv}\,\Big|\,\frac{dP}{dv},$$

la formule (1) donne

$$(3) \qquad ds^2 = E\,du^2 + 2F\,du\,dv + G\,dv^2,$$

formule ordinaire bien connue. Les nombres E, F, G, que l'on considère habituellement pour les coordonnées de Gauss, ont, d'après les formules (3), une signification géométrique très simple.

La seconde des formules (2) prouve que, dans le cas où $\dfrac{dP}{du}$ et $\dfrac{dP}{dv}$

sont des vecteurs non nuls, les lignes coordonnées u, v sur la surface ne peuvent se couper à angle droit que si $F = 0$.

On peut encore déduire des formules (2)

$$EG - F^2 = \left(\operatorname{mod} \frac{dP}{du} \cdot \operatorname{mod} \frac{dP}{dv} \right)^2$$
$$- \left[\operatorname{mod} \frac{dP}{du} \cdot \operatorname{mod} \frac{dP}{dv} \cos\left(\frac{dP}{du}, \frac{dP}{dv} \right) \right]^2$$

ou

$$EG - F^2 = \left(\operatorname{mod} \frac{dP}{du} \frac{dP}{dv} \right)^2,$$

ce qui prouve que le discriminant de la forme quadratique différentielle (2) est positif ou nul.

En associant encore les formules (2) avec la précédente, on obtient l'équation

$$\sin\left(\frac{dP}{du}, \frac{dP}{dv} \right) = \sqrt{\frac{EG - F^2}{EG}},$$

qui détermine l'angle des lignes coordonnées passant au point P; en supposant, bien entendu, $\dfrac{dP}{du} \dfrac{dP}{dv}$ différent de zéro.

Si l'on donne une relation entre u et v, et que l'on désigne par θ l'angle que fait, par exemple, la tangente en P à la courbe décrite par le point P avec la ligne v, on aura

$$\sqrt{E} \cos\theta \, ds = \frac{dP}{du} \,\bigg|\, dP$$

ou

$$\cos\theta = \frac{1}{\sqrt{E}} \left(E \frac{du}{ds} + F \frac{dv}{ds} \right).$$

D'une manière toute semblable

$$\sqrt{E} \sin\theta \, ds = \operatorname{mod}\left(\frac{dP}{du} \, dP \right) = \operatorname{mod}\left(\frac{dP}{du} \frac{dP}{dv} \right) dv,$$

que l'on peut, d'après ce qui précède, écrire

$$\sin\theta = \frac{\sqrt{EG - F^2}}{\sqrt{E}} \frac{dv}{ds}.$$

Si le bivecteur $\dfrac{d\mathrm{P}}{du}\,\dfrac{d\mathrm{P}}{dv}$ n'est pas nul, en posant

$$\mathrm{K} = \left| \frac{\dfrac{d\mathrm{P}}{du}\,\dfrac{d\mathrm{P}}{dv}}{\operatorname{mod}\left(\dfrac{d\mathrm{P}}{du}\,\dfrac{d\mathrm{P}}{dv}\right)} \right.,$$

on voit que K est un vecteur unité perpendiculaire au plan tangent en P à la surface; PK est encore la normale à la surface au même point. Posons, de plus,

$$\mathrm{D} = \frac{d^2\mathrm{P}}{du^2}\,\Big|\,\mathrm{K}, \qquad \mathrm{D}' = \frac{d^2\mathrm{P}}{du\,dv}\,\Big|\,\mathrm{K}, \qquad \mathrm{D}'' = \frac{d^2\mathrm{P}}{dv^2}\,\Big|\,\mathrm{K} ;$$

comme

$$d^2\mathrm{P} = \frac{d^2\mathrm{P}}{du^2}\,du^2 + 2\,\frac{d^2\mathrm{P}}{du\,dv}\,du\,dv + \frac{d^2\mathrm{P}}{dv^2}\,dv^2,$$

on voit que

$$d^2\mathrm{P}\,|\,\mathrm{K} = \mathrm{D}\,du^2 + 2\,\mathrm{D}'\,du\,dv + \mathrm{D}''\,dv^2,$$

et le second membre de cette formule est généralement appelé *seconde forme différentielle* de la surface P. Cette forme différentielle donne la grandeur de la composante normale du vecteur $d^2\mathrm{P}$; c'est-à-dire que le produit de cette forme différentielle par le vecteur K est précisément la composante normale du vecteur $d^2\mathrm{P}$; par analogie, les vecteurs DK, D'K, D''K sont les composantes normales des vecteurs $\dfrac{d^2\mathrm{P}}{du^2}$, $\dfrac{d^2\mathrm{P}}{du\,dv}$, $\dfrac{d^2\mathrm{P}}{dv^2}$. On a donc fort aisément la signification géométrique des éléments habituellement considérés dans la théorie des coordonnées curvilignes.

En appliquant la méthode dont nous venons d'exposer les éléments, on peut facilement démontrer les théorèmes de Meusnier, de Dupin, d'Euler, etc., et obtenir les lignes de courbure, les lignes asymptotiques, les lignes géodésiques, etc.; mais les limites que nous nous étions imposées ne nous permettent pas plus amples développements sur la Géométrie différentielle.

FIN.

PARIS. — IMPRIMERIE GAUTHIER-VILLARS ET FILS,

Quai des Grands-Augustins, 55.